PFANNEBERG

Claus Schünemann

Prüfungsbuch für Bäcker und Bäckerinnen

Fachbuchverlag Pfanneberg GmbH & Co. KG
Düsselberger Str. 23
42781 Haan-Gruiten

Best.-Nr.: 07824

Autor: Claus Schünemann, 35096 Niederweimar

1. Auflage 2018

Druck 5 4 3 2 1

Alle Drucke derselben Auflage sind parallel einsetzbar, da sie bis auf die Behebung von Druckfehlern untereinander unverändert sind.

ISBN 978-3-8057-0782-4

http://www.pfanneberg.de
http://www.fachkraft-und-gast.de

Umschlag: zweiband.media, 10587 Berlin
unter Verwendung eines Motivs von © karepa – stock.adobe.com
Layout und Satz: Punkt für Punkt GmbH, 40549 Düsseldorf
Druck: Himmer GmbH, 86167 Augsburg

Vorwort

Liebe Leserin, lieber Leser,

herzlichen Glückwunsch, dass Sie das **Prüfungsbuch für Bäcker und Bäckerinnen** für Ihre gezielte Vorbereitung auf die Prüfungen in Ihrer Berufsausbildung erworben haben. Mit diesem Prüfungsbuch verfügen Sie über ein besonderes Schulungsmaterial auf dem neuesten fachlichen Stand. Neben den Informationen und Arbeitshilfen bietet Ihnen das Buch eine Zusammenstellung beispielhafter Aufgabenstellungen für die **praktische und theoretische Zwischen- und Gesellenprüfung**.

Für die Kontrolle Ihrer Aufgabenlösungen und für Tipps zur Prüfungsvorbereitung können Sie digitale Informationen nutzen. Diese stehen auf https://goo.gl/6USyFq. Am nebenstehend abgebildeten Kennzeichen erkennen Sie, dass es zu dieser Seite im Prüfungsbuch digitale Informationen gibt.

DIGITAL+

Für Ihre Prüfungsvorbereitung mit diesem Buch und für Ihre Prüfungen wünschen wir Ihnen viel Erfolg.

Der Autor und der Verlag Europa-Lehrmittel nehmen inhaltliche Hinweise und Vorschläge gerne entgegen.

Haan-Gruiten, im Herbst 2018
Claus Schünemann

Das Prüfungsbuch für Bäcker und Bäckerinnen

- informiert **umfassend** und **rechtlich zuverlässig** über die Regelungen zur Zwischen- und Gesellenprüfung
- behandelt **beispielhafte Aufgabenstellungen** für die praktische und theoretische Zwischen- und Gesellenprüfung
- bietet **Musterlösungen** in digitaler Form zur Eigenkontrolle der Aufgabenbearbeitung
- enthält **Checklisten**, **Beurteilungsbögen** und **Niederschriftsmuster** für die Prüfungen

Tipp für Ihre optimale Vorbereitung auf Lernkontrollen, Klassenarbeiten und Prüfungen:

Sie können Fachaufgaben für alle 3 Lehrjahre auch digital auf Ihrem PC, Smartphone oder Tablet üben. Unter www.pruefungsdoc.de finden Sie drei Online-Kurse mit je rund 400 Aufgaben zu verschiedenen Themen sowie einen umfassenden Gesamtkurs. Die Online-Kurse beziehen sich auf die Aufgabenkataloge, die Sie für die Kompetenz-Checklisten in diesem Prüfungsbuch berücksichtigen können.

Alle Kurse erhalten Sie als Jahreslizenz auf www.pruefungsdoc.de.

Inhaltsverzeichnis

Seite

Alles wissen über die Zwischenprüfung für Bäcker und Bäckerinnen

Selbstorganisation zur Zwischenprüfung

WIE SIE IHRE ZWISCHENPRÜFUNG GUT ORGANISIEREN

Was sollte ich vor der Zwischenprüfung alles erledigen?

DIGITAL+

Achtung:
Sie sollten auf dieser Seite ***nicht weiterlesen***, wenn Sie das Chaos lieben.
Wenn Sie aber in Ruhe Ihrer Zwischenprüfung entgegensehen möchten, dann können Ihnen die folgenden Tipps dabei helfen.

Allgemeine Hilfen zur Vorbereitung auf die Zwischenprüfung

- Sehen Sie die Zwischenprüfung als eine Probe für Ihre Gesellenprüfung an.
  Dann wird Ihnen der Aufwand für eine gute Vorbereitung nicht zu viel.
- Sammeln Sie Informationen vor Ort, wie der für Sie zuständige Prüfungsausschuss die Zwischenprüfung organisiert.

  Fragen Sie nach den Regelungen, die für Ihre Prüfung gelten.

  Fragen Sie auch Kolleginnen/Kollegen, die bereits die Zwischenprüfung abgelegt haben.

  Fragen Sie Ihre Ausbilder, Ihre Lehrkräfte in der Berufsschule, Ihren Lehrlingswart der Innung oder ein Mitglied des Prüfungsausschusses.

Organisationsfragen für die praktische Zwischenprüfung

Planungen für die praktische Zwischenprüfung

In diesem Prüfungsbuch gibt es ein spezielles Kapitel mit Informationen und Hilfen zur Zwischenprüfung. Das Kapitel beginnt auf der Seite 7 mit Organisationshilfen für die praktische Zwischenprüfung.

→ Sie finden eine *Checkliste* und eine *Kompetenz-Checkliste* zur Vorbereitung auf die praktische Zwischenprüfung auf den Seiten 11 und 12.

→ Sie finden *allgemeine Informationen und Tipps* zur Vorbereitung auf die praktische Zwischenprüfung auf den Seiten 13 bis 18.
Darin finden Sie auch *Hinweise* für den Fall, dass Sie an der praktischen Zwischenprüfung nicht teilnehmen können.

→ Sie finden ein *Beispiel zur Zeitplanung* für die praktische Zwischenprüfung auf den Seiten 19 und 20.

→ Sie finden *Beispiele für Arbeitsaufgaben* in der praktischen Zwischenprüfung auf den Seiten 21 bis 24.

→ Sie finden *Beurteilungsbogen* für Ihre Prüfungsarbeiten in der praktischen Zwischenprüfung auf den Seiten 25 bis 27.

Organisationsfragen für die schriftliche Zwischenprüfung

Planungen für die schriftliche Zwischenprüfung

In diesem Prüfungsbuch beginnen auf der Seite 28 die Organisationshilfen zur schriftlichen Zwischenprüfung.

→ Sie finden eine *allgemeine Information* zur Vorbereitung auf die schriftliche Zwischenprüfung auf den Seiten 28 bis 30.

→ Sie finden eine *Aufgabensammlung und Musteraufgaben* zur Vorbereitung auf die schriftliche Zwischenprüfung auf den Seiten 31 bis 52.

→ Sie finden *Beurteilungsbogen* für die schriftliche Zwischenprüfung auf den Seiten 54 bis 56.

Information: Regelungen zur Zwischenprüfung im Ausbildungsberuf Bäcker / Bäckerin

Rechtliche Bestimmungen nach § 9 der Ausbildungsverordnung

1. Zur Ermittlung des Ausbildungsstandes ist eine Zwischenprüfung durchzuführen. Sie soll vor dem Ende des zweiten Ausbildungsjahres stattfinden.

2. Die Zwischenprüfung erstreckt sich auf die in der Anlage für das erste Ausbildungsjahr und die erste Hälfte des zweiten Ausbildungsjahres aufgeführten Fertigkeiten und Kenntnisse sowie auf den im Berufsschulunterricht entsprechend dem Rahmenlehrplan zu vermittelnden Lehrstoff, soweit er für die Berufsausbildung wesentlich ist.

Erläuterungen

Nach den nebenstehenden Regelungen
- wird *nur eine Zwischenprüfung* während der Ausbildung durchgeführt;
- findet die Zwischenprüfung im Regelfall zwischen dem 19. und 24. Monat der Ausbildungszeit statt.

Die Teilnahme an der Zwischenprüfung ist verpflichtend.
Die absolvierte Zwischenprüfung ist eine Voraussetzung für die Zulassung zur Gesellenprüfung.

Die Zwischenprüfung ist eine *besondere Lernkontrolle*. Sie bezieht sich inhaltlich auf die Fertigkeiten und Kenntnisse der ersten 18 Monate in der Berufsausbildung.
Die Ergebnisse in der Zwischenprüfung geben Ihnen selbst, dem Ausbildungsbetrieb und der Berufsschule eine Rückmeldung über den Ausbildungsstand.

Indem Sie die Prüfungsaufgaben in der Zwischenprüfung bearbeiten, haben Sie auch für sich selbst eine *Vorübung für die Gesellenprüfung*.

Rechtliche Regelungen nach Handwerksordnung & Ausbildungsvertrag

1. Der Ausbildende hat dem Auszubildenden (Lehrling) das vorgeschriebene Berichtsheft auszuhändigen und regelmäßig die Führung des Berichtshefts (Ausbildungsnachweise) zu kontrollieren.

2. Der Ausbildende hat den Auszubildenden (Lehrling) unter Beifügung der vorgeschriebenen Unterlagen rechtzeitig zur Zwischenprüfung anzumelden.

3. Der Ausbildende hat den Auszubildenden (Lehrling) zur Teilnahme an der Zwischenprüfung anzuhalten und für die Teilnahme an den Prüfungen von der Arbeit im Betrieb freizustellen.

4. Der Ausbildende hat die Gebühren für die Zwischen- und Gesellenprüfung zu tragen.

5. Für die Durchführung der Zwischenprüfung gelten nicht die Bestimmungen des § 10 Abs. 1 Nr. 2 des Jugendarbeitsschutzgesetzes, nach denen jugendliche Lehrlinge am Tag vor der schriftlichen Abschlussprüfung von der betrieblichen Arbeit freizustellen sind.

Erläuterungen

Rechtzeitig vor der Anmeldung zur Zwischenprüfung sollten Sie dafür sorgen, dass Sie die Ausbildungsnachweise vollständig geführt haben und Ihr Ausbildender diese unterschrieben hat.
So bestätigen Sie und Ihr Ausbildender sich gegenseitig, dass die im Berichtsheft aufgeführten Fertigkeiten und Kenntnisse vermittelt worden sind.

Die Termine der Prüfungen werden rechtzeitig von der Handwerkskammer festgesetzt und bekannt gegeben.

Sie erhalten von der Handwerkskammer oder vom Prüfungsausschuss eine Mitteilung, mit der Ihnen Ort, Termin und Umfang der Zwischenprüfung bekannt gegeben werden. Die Mitteilung müssen Sie im Betrieb vorlegen, wenn Ihr Ausbildender (Meister) von der Einladung zur Zwischenprüfung noch nichts erfahren hat (z. B. durch eine Zweitausfertigung der Mitteilung).

Der Ausbildende muss Sie zur Teilnahme an den Prüfungen von der betrieblichen Arbeit freistellen.
Der Ausbildende trägt die Gebühren für die Teilnahme an der Zwischenprüfung.

Hinsichtlich entstehender Sachkosten (z. B. für Zutaten, die mitgebracht werden müssen) gelten die Regelungen, die in Ihrem Prüfungsbereich zwischen dem Prüfungsausschuss und den Ausbildungsbetrieben abgestimmt sind.

Am Tage vor der *schriftlichen Zwischenprüfung* sind jugendliche Lehrlinge nicht von der Arbeit freizustellen.
Diese Regelung gilt nur für Jugendliche, wenn sie die schriftliche Gesellen-/Abschlussprüfung ablegen.

Information: Regelungen zur Zwischenprüfung im Ausbildungsberuf Bäcker/Bäckerin

Rechtliche Bestimmungen nach § 9 der Ausbildungsverordnung:

Aufgaben in der praktischen Zwischenprüfung

In *höchstens vier Stunden* soll der Prüfling je eine praktische Aufgabe aus den Gebieten 1 und 2 sowie eine praktische Aufgabe aus dem Gebiet 3 oder 4 bearbeiten.

Folgende Gebiete sind zu Grunde zu legen:

1. Herstellen von Weizenbrot,
2. Herstellen von Weizenkleingebäck,
3. Herstellen von Feinen Backwaren aus Teig oder Masse,
4. Herstellen von Backwarensnacks oder Partykleingebäck.

Bei der Durchführung der Aufgaben soll der Prüfling zeigen, dass er

- Arbeiten planen kann,
- unter sachgemäßer Verwendung von Geräten, Anlagen und Maschinen die Arbeiten durchführen kann,
- die Ergebnisse beurteilen und kontrollieren kann,

sowie Gesichtspunkte

- der Hygiene,
- des Umweltschutzes,
- der Wirtschaftlichkeit,
- der Arbeitssicherheit,
- des Gesundheitsschutzes und
- der Kundenorientierung berücksichtigen und hierbei
- die Informations- und Kommunikationstechnik anwenden kann.

Aufgaben in der schriftlichen Zwischenprüfung

In *höchstens 150 Minuten* soll der Prüfling Aufgaben schriftlich bearbeiten, die sich auf die praktischen Aufgaben beziehen.

Dabei soll der Prüfling zeigen,

- dass er Arbeitsschritte planen,
- Arbeitsmittel festlegen,
- Rohstoffe beurteilen,
- Mengen bestimmen sowie
- lebensmittelrechtliche Vorschriften und Maßnahmen der Qualitätssicherung berücksichtigen kann.

Erläuterungen

Aufgaben in der praktischen Zwischenprüfung

Die Höchstzeit der praktischen Zwischenprüfung beträgt vier Zeitstunden (240 Minuten). Diese Zeit darf nicht überschritten werden. Wenn Sie die Prüfungsarbeiten in kürzerer Zeit absolvieren, können Sie die Zeit von 4 Stunden unterschreiten.

Die Zwischenprüfung umfasst 3 praktische Arbeiten:

- Die nebenstehenden Gebiete 1 und 2 sind Pflichtaufgaben.
- Von den nebenstehenden Gebieten 3 und 4 wählt der Prüfungsausschuss eine Aufgabe als Wahlaufgabe.

Der Prüfungsausschuss formuliert dabei die konkrete Aufgabe, zum Beispiel für die erste Pflichtaufgabe: „Herstellen von 4 Weizenbroten unterschiedlicher Form aus 1,500 kg Weizenmehl".

Die Prüfungsaufgaben beziehen sich auf den gesamten Handlungsablauf der jeweiligen Arbeit, also:

- Arbeitsaufgaben *planen und organisieren*,
- Arbeiten *durchführen* und
- Arbeitsergebnisse *beurteilen und kontrollieren*.

Die Planung der Prüfungsarbeit ist *im Rahmen der 4 Stunden Prüfungszeit* durchzuführen, auch wenn eine schriftliche Ausarbeitung verlangt wird oder die Planung an einem Tag vor der praktischen Durchführung angefertigt wird.
Das gilt ebenso für die Präsentation der Prüfungsarbeiten, für die Beurteilung und Kontrolle der Arbeitsergebnisse.

Der Prüfungsausschuss beurteilt nicht nur die **Qualität der gefertigten Produkte**, sondern den **gesamten Ablauf** Ihrer praktischen Arbeit. Dabei wird in der Planung, Durchführung und Reflexion beachtet, inwieweit Sie die nebenstehenden Gesichtspunkte anwenden.

Tipp: Berücksichtigen Sie in Ihrer Planung Punkt für Punkt die nebenstehenden Gesichtspunkte.
Schreiben Sie also konkret auf, bei welchen Arbeiten der eine oder andere Gesichtspunkt eine Rolle spielt (z. B. Hygiene oder Arbeitsschutz).

Aufgaben in der schriftlichen Zwischenprüfung

Die *Prüfungshöchstzeit* beträgt 2,5 Stunden (150 Minuten). Diese Zeit darf nicht überschritten werden. Wenn Sie die Prüfungsarbeiten in kürzerer Zeit absolvieren, können Sie die Höchstzeit unterschreiten und Ihre Lösungen abgeben.

Die Prüfungsaufgaben beziehen sich inhaltlich auf die Arbeitsaufgaben der praktischen Zwischenprüfung.
Demnach ist das Gebiet „Wirtschafts- und Sozialkunde" nicht Gegenstand der Zwischenprüfung.

Die Prüfungsaufgaben sind *nur schriftlich* zu lösen; eine mündliche Prüfung findet nicht statt.

WICHTIG

- Die Zwischenprüfung dient der Feststellung des Ausbildungsstands. Sie können also nicht „durchfallen".
- Über die absolvierte Zwischenprüfung erhalten Sie und Ihr Ausbildender von der Handwerkskammer eine Bescheinigung.
- Bewahren Sie die Bescheinigung über die Zwischenprüfung gut auf (Unterlage für die Zulassung zur Gesellenprüfung).

Allgemeine Informationen zur praktischen Zwischenprüfung

Wie erfahre ich Termin, Ort und Aufgabenstellung für die praktische Zwischenprüfung?

DIGITAL+

Rechtzeitig vor der Zwischenprüfung erhalten Sie vom Prüfungsausschuss eine schriftliche Einladung.
Mit dieser Einladung wird Ihnen üblicherweise mitgeteilt:

- wann und wo die praktische Zwischenprüfung für Sie stattfindet,
- welche 3 praktischen Prüfungsaufgaben Sie bearbeiten sollen (innerhalb der Prüfungshöchstzeit),
- wie Sie die Planungen zu den Aufgabenstellungen vorbereiten und darstellen sollen,
- welche Materialien Sie mitbringen müssen/dürfen.

Meine ergänzenden Bemerkungen:

Was muss ich vor der praktischen Zwischenprüfung unbedingt erledigen?

Rechtzeitig vor der Zwischenprüfung müssen Sie die Punkte erledigen, die Sie als Voraussetzungen zu erfüllen haben.
Diese werden meistens vom Prüfungsausschuss mitgeteilt. Dazu gehören auf alle Fälle:

- vollständig geführtes Berichtsheft, mit von Ihnen und dem Meister unterschriebenen Ausbildungsnachweisen,
- Teilnahmebescheinigung an vorgeschriebenen überbetrieblichen Ausbildungsmaßnahmen (ÜBA, ÜLO),
- pünktliches Erscheinen am Ort der praktischen Zwischenprüfung,
- saubere Berufskleidung (als Teil der Hygiene am Arbeitsplatz).

Meine ergänzenden Bemerkungen:

Was muss ich beachten, wenn ich an der praktischen Zwischenprüfung nicht teilnehmen kann?

Bestimmt wünschen Sie es sich nicht, dass Sie am Prüfungstermin nicht teilnehmen können.
Aber es gibt verschiedene Gründe dafür, dass Ihre Teilnahme nicht möglich ist.
Und dann ist es wichtig, dass Sie darauf vorbereitet sind, das Richtige zu tun!

Beispiele für Verhinderungen, die Sie nicht zu vertreten haben:

- *Verhinderung aus wichtigem Grund (z. B. Todesfall naher Angehöriger):*
  - Rechtzeitiger schriftlicher Antrag beim Prüfungsausschuss auf Freistellung vom Prüfungstermin
    (Folge: Die Prüfung gilt als nicht abgelegt; der Prüfungsausschuss räumt Ihnen einen Nachholtermin ein.)
- *Erkrankung:*
  - Telefonische Meldung bei plötzlicher Erkrankung, schriftlichen Beleg später dem Prüfungsausschuss nachreichen.
  - Vorlage einer ärztlichen Bescheinigung beim Prüfungsausschuss, der Sie zur Prüfung eingeladen hat.
    (Folge: Die Prüfung gilt als nicht abgelegt; der Prüfungsausschuss räumt Ihnen einen Nachholtermin ein.)
- *Verspätung durch nicht vorhersehbare Ereignisse (Zugverspätung, Unfall auf dem Wege zum Prüfungsort):*
  - Auf jeden Fall sollten Sie versuchen, noch – so schnell wie möglich – am Prüfungsort zu erscheinen oder durch jemand anderes dort Bescheid geben zu lassen; eventuelle Belege vorlegen (z. B. Bescheinigung über Verspätung des Zuges, des Busses *oder* Bescheinigung einer Polizeidienststelle über Unfall).
    (Folge: Der Prüfungsausschuss entscheidet nach Sachlage darüber, wie Sie die Prüfung noch ablegen können.)

Sofern Sie durch einen Grund, den Sie selbst zu vertreten haben, verspätet zur praktischen Zwischenprüfung erscheinen, sollten Sie dem Prüfungsausschuss mit einer Entschuldigung die Gründe nennen. Der Prüfungsausschuss entscheidet dann, ob Sie an diesem oder einem ersatzweisen Termin die praktische Zwischenprüfung ablegen können.
Sofern Sie durch einen Grund, den Sie selbst zu vertreten haben, nicht an der praktischen Zwischenprüfung teilnehmen, gilt die Prüfung als nicht absolviert. Sie haben damit eine Zulassungsvoraussetzung zur Gesellenprüfung nicht erfüllt.

Meine ergänzenden Bemerkungen:

Anschrift bzw. Telefonnummer des Prüfungsausschusses oder für Nachricht bei Verhinderung:

WICHTIG

Die obigen Grundsätze sind allgemein üblich.
Wenn der Prüfungsausschuss andere Vorgaben macht, gelten für Sie natürlich die Regeln Ihres Prüfungsausschusses.

Tipps für die praktische Zwischenprüfung

Was kann ich überlegen und tun, wenn mir die Aufgaben für die praktische Zwischenprüfung mitgeteilt worden sind?

→ Welche konkreten Arbeiten will ich bei den einzelnen 3 Arbeitsaufgaben durchführen?
(z. B. Auswählen der Weißbrotsorten, die Sie herstellen wollen)

→ Wie gut und sicher beherrsche ich die Fertigkeiten, um die ausgewählten Gebäcke herzustellen?
(z. B. meine Kompetenz für das Wirken, bei Formtechniken für Weizenkleingebäcke) (→ Kompetenz-Checkliste)

→ Wie kann ich meine Fertigkeiten den Prüfungsanforderungen entsprechend entwickeln?
(z. B. gute Mustergebäcke suchen, die Herstellung üben, Anleitung, Selbstbeurteilung und Fremdkontrolle)

Wie kann ich die Prüfungszeit der praktischen Zwischenprüfung planen und aufteilen?

→ Beachten Sie, dass die Prüfungshöchstzeit von 4 Stunden nicht nur als Arbeitszeit für die Herstellung der Gebäcke zur Verfügung steht.

Zur Prüfungshöchstzeit zählen auch die erforderlichen Zeiten für die Planung, Kontrolle sowie für die Präsentation der Prüfungsarbeiten.
(Wenn der Prüfungsausschuss z. B. die Planung am Tag vor den praktischen Arbeiten durchführen lässt, wird die dafür bereits verbrauchte Zeit von der Prüfungshöchstzeit abgezogen.)

→ Planen Sie die Arbeitsabläufe für die Herstellung der einzelnen Gebäcke ganz exakt mit den notwendigen Arbeitsschritten, und ordnen Sie die dafür erforderliche Arbeitszeit zu.
(z. B. Tourieren mit einer einfachen Tour = 8 Minuten)

→ Stellen Sie eine Zeitplanung für die gesamten praktischen Prüfungsaufgaben auf.
(Der Zeitplan wird oftmals als Teil der Gesamtplanung erwartet. Dann gibt der Prüfungsausschuss dieses auch an.)

→ Beachten Sie bei der Zeitplanung die sogenannten Rüstzeiten wie für die Reinigung des Arbeitsplatzes oder das Vorbereiten der folgenden Herstellungsvorgänge.

Dabei müssen Sie das Verschachteln von Arbeitsgängen einplanen, z. B., dass Sie während der Teigruhe- oder Gärzeiten andere Arbeiten erledigen.
(Den Zeitplan können Sie in der Abfolge der Arbeitszeit-Minuten *oder* anhand der fortlaufenden Uhrzeit darstellen.)

Wie kann ich die angestrebte Qualität meiner Prüfungsarbeiten erzielen und sichern?

→ Beachten Sie die regelbaren Parameter, die Sie bei der Herstellung des jeweiligen Gebäcks einhalten müssen, zum Beispiel: Teigtemperatur, Knetzeit, Teigruhe, Gärzeit, Backofentemperatur, Backzeit.

→ Stellen Sie sicher, dass die Teige bis zum Aufarbeiten die optimale Teigreife erreichen, zum Beispiel: Den Grundteig für Plundergebäck herstellen und vor dem Tourieren kühl ruhen lassen; während der Teigruhezeit können Sie andere Teige bereiten oder aufarbeiten.

→ Beachten Sie, dass Sie im Unterschied zur täglichen Arbeit im Betrieb in der Zwischenprüfung nur mit kleinen Teigmengen umgehen. Die kleinen Teigmengen sind empfindlich gegenüber den Raumbedingungen. Schützen Sie daher die ruhenden Teige vor dem Auskühlen oder vor dem Verhauten, indem Sie die Teige mit einem Tuch abdecken oder in eine Folie einschlagen.

→ Lassen Sie die Hefeteige beim Aufarbeiten genügend entspannen.

- Nicht genügend entspannte Hefeteige lassen sich schwer aufarbeiten; sie formen sich zurück, und es entstehen dadurch Mängel in der Gebäckform.
- Nicht genügend entspannte Hefeteige reißen beim Wirken in der Oberfläche, so dass keine glatte und gut gespannte Oberfläche erreicht wird. Somit entstehen Mängel in der Gebäckkruste.

(Das Entspannen der Teiglinge ist ganz wichtig bei einzelnen Schritten der Aufarbeitung, z. B. nach dem Formen der Pressen und dem Plattdrücken sowie vor dem Abpressen und Rundwirken, ebenso nach dem Vorlängen von Teigstücken für Zopfgebäcke.)

→ Achten Sie auf die optimale Ofenreife der Teiglinge, die richtige Backtemperatur, auf die Schwadengabe und die richtige Backzeit.

→ Bei Gebäcken mit erwünschter glänzender Kruste können Sie das erreichen durch Abstreichen vor dem Backen, durch genügend Schwadeneinwirkung, durch Abstreichen sofort nach dem Backen.

Kompetenz-Checkliste für die praktische Zwischenprüfung

Die ***Kompetenz-Checkliste*** ist ein Kontroll-Instrument.
Mit dieser Checkliste können Sie klären, inwieweit Sie die Anforderungen in der praktischen Zwischenprüfung erfüllen.

Was soll ich in Stufe 4 erreicht haben? Wo stehe ich mit meinem Können?

→ Schätzen Sie Ihre Fertigkeiten (Kompetenzen) in den jeweiligen Aufgabengebieten der Zwischenprüfung ein. Setzen Sie dann ein Kreuz unter diejenige Stufe, die Ihrer Kompetenz nach Ihrer eigenen Einschätzung entspricht.

→ Klären Sie, ob Sie etwas tun müssen, um Ihre Fertigkeiten in dem einen oder anderen Aufgabengebiet zu verbessern. Legen Sie dazu konkret fest, was Sie tun wollen.

Aufgabengebiete	Stufe 2	Stufe 2	Stufe 3	Stufe 4
1. Herstellen von Weizenbrot	Ich kann nach gegebenem Rezept einen Teig für Weizenbrot herstellen und daraus nur eine Weizenbrotsorte formen.	Ich kann ein vorgegebenes Rezept für Weizenbrot umrechnen, den Teig herstellen und zu runden sowie zu kastenförmigen Weizenbroten aufarbeiten.	Ich kann Weizenbrotteig selbstständig herstellen, sicher zu 3 verschiedenen Weizenbrotsorten aufarbeiten und fachgerecht abbacken.	Ich kann Weizenbrotteig selbstständig herstellen, rezepturmäßig abwandeln, sicher daraus 3 oder mehr Weizenbrotsorten herstellen und deren Qualität richtig beurteilen.
Wo stehe ich? (ankreuzen)	☐	☐	☐	☐
2. Herstellen von Weizenkleingebäck	Ich kann nach gegebenem Rezept einen Teig für Weizenkleingebäck herstellen und zu mindestens 2 ortsüblichen Kleingebäcken aufarbeiten.	Ich kann ein vorgegebenes Rezept für Weizenkleingebäck umrechnen, den Teig herstellen und daraus mindestens 3 ortsübliche Weizenkleingebäcke herstellen.	Ich kann Teig für Weizenkleingebäck selbstständig herstellen, daraus sicher 3 verschiedene Kleingebäcke formen, fachgerecht abbacken sowie deren Qualität richtig beurteilen.	Ich kann Teig für Weizen kleingebäck selbstständig herstellen, sicher daraus 3 oder mehr Kleingebäcke herstellen, auch mit speziellen Formtechniken, und deren Qualität richtig beurteilen.
Wo stehe ich? (ankreuzen)	☐	☐	☐	☐
3. Herstellen von Feinen Backwaren aus Teig oder Masse	Ich kann nach gegebenem Rezept einen Hefefeinteig herstellen und zu mindestens 2 ortsüblichen Sorten Feiner Backwaren aufarbeiten.	Ich kann nach gegebener Rezeptur verschiedene Teige für Feine Backwaren herstellen und daraus mindestens 3 verschiedene Feine Backwaren herstellen.	Ich kann verschiedene Teige für Feine Backwaren selbstständig herstellen, daraus verschiedene Feine Backwaren aufarbeiten, abbacken sowie deren Qualität richtig beurteilen.	Ich kann sicher Teige und Massen für Feine Backwaren herstellen, daraus mehrere Feine Backwaren herstellen, auch mit speziellen Zutaten/Techniken, die Qualität richtig beurteilen.
Wo stehe ich? (ankreuzen)	☐	☐	☐	☐
4. Herstellen von Backwarensnacks oder Partykleingebäck	Ich kann einfache Backwarensnacks unter fachlicher Anleitung herstellen.	Ich kann nach gegebenen Rezepturen verschiedene Backwarensnacks selbstständig herstellen.	Ich kann verschiedene Backwarensnacks und deren Füllungen/Auflagen selbstständig herstellen sowie deren Qualität nach gegebenen Kriterien beurteilen.	Ich kann verschiedene Backwarensnacks und Partygebäcke selbstständig und sicher herstellen sowie deren Qualität selbstständig richtig beurteilen.
Wo stehe ich? (ankreuzen)	☐	☐	☐	☐

Konsequenzen

→ Ich muss die folgenden Fertigkeiten weiterentwickeln und üben:

____

____

____

____

____

____

Checkliste zur Vorbereitung auf die praktische Zwischenprüfung

- [ ] Sind alle Ausbildungsnachweise im Berichtsheft?
- [ ] Sind alle Ausbildungsnachweise im Berichtsheft von mir *und* dem Meister unterschrieben?
- [ ] Ist die Teilnahmebescheinigung über die überbetriebliche Ausbildung vorhanden?
- [ ] Wurden vom Prüfungsausschuss weitere Unterlagen bei mir angefordert? Wenn ja: welche?
- [ ] Liegt saubere Berufskleidung bereit?
- [ ] Ist vom Prüfungsausschuss eine vorbereitete schriftliche Planung gefordert (Vordruck dafür)?
- [ ] Muss ich Zutaten oder Halbfertigprodukte (z. B. Füllung) zur praktischen Prüfung mitbringen?
- [ ] Kann ich von mir gewünschte Zutaten bei den Zwischenprüfungsarbeiten einsetzen (z. B. Würzmischung)?
- [ ] Welche Materialien will ich zur Präsentation der Gebäcke mitnehmen (z. B. Tabletts, Tuch, Körbe)?
- [ ] Sonstiges – was ich noch brauche (z. B. Schilder oder Kamera zum Fotografieren meiner Präsentation):

Information: Aufgaben für die praktische Zwischenprüfung

1. Musteraufgabe mit Fließschema

Aufgabenstellung:
Als Aufgabe in der praktischen Zwischenprüfung sollen Sie **Stangenweißbrot** herstellen.

→ Mit Hilfe des Grundrezepts erstellen Sie zunächst das Arbeitsrezept.
Dann stellen Sie für diese Weizenbrotsorte das Fließschema mit den einzelnen Arbeitsschritten auf.
Den einzelnen Arbeitsschritten ordnen Sie die dafür erforderliche Soll-Arbeitszeit zu.

Grundrezept für Weizenbrotteig

1,000 kg Weizenmehl (Type 550)
0,015 kg Kochsalz
0,015 kg Backmalz
0,040 kg Backhefe
0,600 kg Wasser

1,670 kg Teig

Mein Arbeitsrezept für Weizenbrotteig

______ kg Weizenmehl (Type 550)
______ kg Kochsalz
______ kg Backmalz
______ kg Backhefe
______ kg Wasser

______ kg Teig

Muster für das Fließschema
- **mit den einzelnen Arbeitsschritten**
- **mit den Führungsbedingungen**
- **mit den Soll-Arbeitszeiten**

Teigtemperatur: 22 °C
Teigausbeute: 165
— **Weizenbrotteig**

Kneten — Spiralkneter: 5 Minuten auf Stufe 1
3 Minuten auf Stufe 2

Teigruhe — 30 bis 60 Minuten, mit Folie abgedeckt

Teigeinlage: 480 g
Teiglinge rundwirken,
Teiglinge 10 Minuten entspannen,
Teiglinge in Etappen langwirken,
Teiglinge in Tücher einziehen oder
auf Baguettebleche absetzen
— **Aufarbeiten**

Stückgare — 60 Minuten im feuchten Gärraum

Vorbereiten — Teiglinge mit Wasser abstreichen,
Oberfläche der Teiglinge mit scharfem Messer
3 bis 4 mal schräg einschneiden

Backtemperatur: 240 °C auf 220 °C
Schwaden: gut vorschwaden,
nach 3 Minuten nachschwaden
Backzeit: 25 Minuten,
bei geschlossenem Zug
— **Backen**

→ In Stichworten: Was ich mir für diese Aufgabe merke:

____

____

____

Information: Aufgaben für die praktische Zwischenprüfung

2. Musteraufgabe mit Fließschema

Aufgabenstellung:
Als Aufgabe in der praktischen Zwischenprüfung sollen Sie **Weizenkleingebäcke** herstellen.

→ Den Teig für eine Presse mit 30 Stück stellen Sie nach dem Grundrezept auf Seite 13 her. Dann stellen Sie für diese Weizenkleingebäcke das Fließschema mit Arbeitsschritten auf. Den einzelnen Arbeitsschritten ordnen Sie die dafür erforderliche Soll-Arbeitszeit zu.

Muster für das Fließschema

Schüttwasser: nicht über 3 °C im Sommer (Erfahrungswert)	**Teigführung**	direkte Teigführung Teigtemperatur: 25 bis 26 °C
	Kneten	Spiralkneter: 2 Minuten langsam, 5 Minuten schnell
	Teigruhe	5 bis 10 Minuten, mit Folie zugedeckt
Ballengewicht: 1 670 g	**Abwiegen**	
	Ballengare	15 bis 20 Minuten, mit Folie zugedeckt
	Aufarbeiten	Abpressen, wirken, auf Dielen absetzen
	Zwischengare	10 bis 15 Minuten, auf Dielen, abgedeckt
	Formen	Teiglinge leicht mit Kartoffelpuder stauben, Teiglinge stüpfeln und wenden
	Stückgare	etwa 40 bis 45 Minuten, zugedeckt auf Dielen, 3/4 - bis volle Gare
	Vorbereiten	Teiglinge auf Backbleche wenden
Backtemperatur: 230 °C Vorschwaden Backzeit: 18 bis 20 Minuten Volle Schwadengabe Eventuell 2 Minuten vor Ausbacken den Schwadenabzug öffnen	**Backen**	

Mögliche Brötchenformen

Brötchenname: ______________

Brötchenname: ______________

Brötchenname: ______________

Brötchenname: ______________

Brötchenname: ______________

→ In Stichworten: Was ich mir für diese Aufgabe merke:

____

____

____

Aufgabenblatt für die praktische Zwischenprüfung

3. Musteraufgabe mit Fließschema

Aufgabenstellung:
Als Aufgabe in der praktischen Zwischenprüfung sollen Sie **Schnittbrötchen** herstellen.

→ Den Teig für eine Presse mit 30 Stück stellen Sie nach dem Grundrezept auf der Seite 13 her.
Ergänzen Sie in dem folgenden Fließschema die Arbeitsschritte und die Arbeitstechniken.

Fließschema

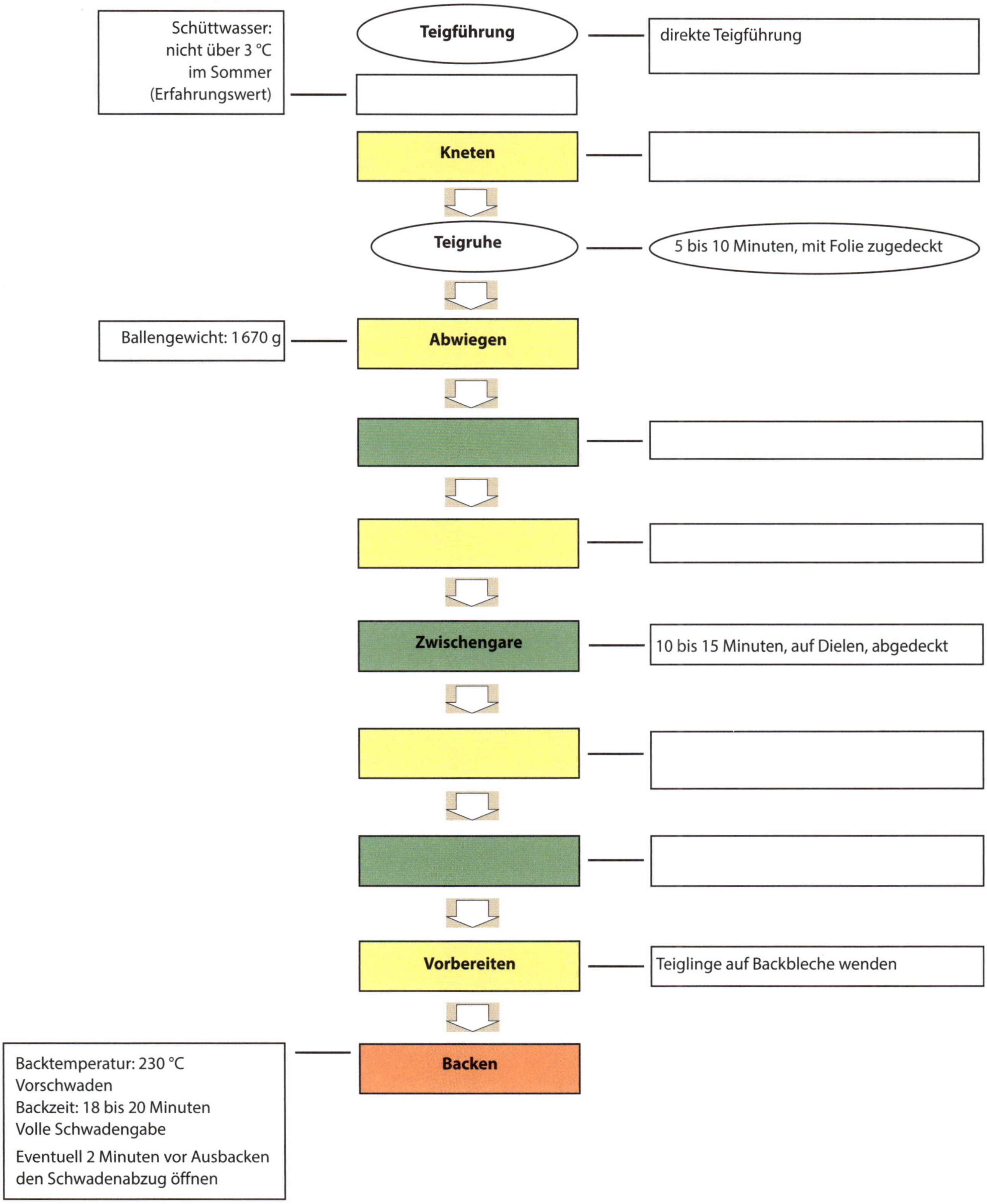

Aufgabenblatt für die praktische Zwischenprüfung

4. Musteraufgabe mit Fließschema

Aufgabenstellung:
Als Aufgabe in der praktischen Zwischenprüfung sollen Sie **Drückbrötchen** herstellen.

→ Den Teig für eine Presse mit 30 Stück stellen Sie nach dem Grundrezept auf der Seite 13 her.
Erstellen Sie selbstständig das Fließschema mit den Arbeitsschritten und den Arbeitstechniken.

Fließschema

Aufgabenblatt für die praktische Zwischenprüfung

5. Musteraufgabe mit Arbeitsablauf (Wahlaufgabe aus dem 3. Prüfungsbereich)

Aufgabenstellung:
Als Aufgabe in der praktischen Zwischenprüfung sollen Sie **Plundergebäck** herstellen.

1. Beispiel: Aufarbeiten von Plunderteig zu Schnecken

- Formen Sie die ausgewogenen 500 g-Teigstücke zu flacher, quadratischer Form („Barrenform").
  - Lassen Sie die Formlinge etwas angaren.
- Rollen Sie den Teig aus.
  - Walzen Sie den Teig mit einem Rollholz oder mit der Ausrollmaschine quadratisch auf 1 cm Teigstärke aus.
  - Vermeiden Sie Teigkleben durch Stäuben mit Mehl.
  - Vermeiden Sie Teigreißen durch zu starken Druck.
  - Achten Sie auf eine gleichmäßige Teigstärke.
- Tragen Sie eine Füllung auf.
  - Beachten Sie: Je weicher die Füllung ist, desto dünnschichtiger müssen Sie diese auftragen.
  - Lassen Sie 1 cm der Oberkante frei; streichen Sie die Teigkante mit Wasser oder Milch ab.
- Wickeln Sie die Teigplatte auf.
  - Vermeiden Sie das Ausquetschen der Füllung.
  - Achten Sie auf gutes Haften der Teig-Endkante.
- Teilen Sie die Rolle in Scheiben auf.
  - Schneiden Sie die Rolle in 12 gleich große Stücke.
  - Legen Sie nun die Scheiben auf ein mit Backpapier ausgelegtes Backblech ab.
- Überwachen Sie die Stückgare.
- Streichen Sie die Formlinge mit Eistreiche ab.
- Backen Sie die ofenreifen Schnecken-Gärlinge ab.
- Richten Sie die Gebäcke für den Verkauf her.

Auftragen der Füllung

Aufwickeln der Teigplatte

Teilen und Schneiden der Teigrolle zu Scheiben

Rund und gedrückt geformte Schnecken

2. Beispiel: Aufarbeiten von Plunderteig zu Hörnchen

- Formen Sie die ausgewogenen 500 g-Teigstücke zu quadratisch flacher Form.
- Rollen Sie den Teig aus zu einer rechteckigen Teigplatte in der Größe 50 × 20 cm.
- Teilen Sie die Teigplatte in 12 Teigdreiecke auf.
  Beachten Sie dafür die entsprechende Abbildung auf dieser Seite.
- Dressieren Sie auf die Teigdreiecke am breiten Ende einen Tupfen Füllmasse auf.
- Wickeln Sie die Teiglinge zu Hörnchen auf:
  - Wickeln Sie stramm auf, ohne den Teig zu ziehen.
  - Legen Sie dann die Hörnchen mit der Wickelspitze nach innen auf einem mit Backpapier ausgelegten Backblech ab.
- Streichen Sie nach der Stückgare die Hörnchen ab.
- Backen Sie die ofenreifen Hörnchen-Gärlinge ab.
- Richten Sie die Gebäcke mit Aprikotur und Glasur für den Verkauf her.

Teilen und Schneiden der Teigplatte für Hörnchen

Aufdressieren der Füllung

Aufwickeln der Hörnchen

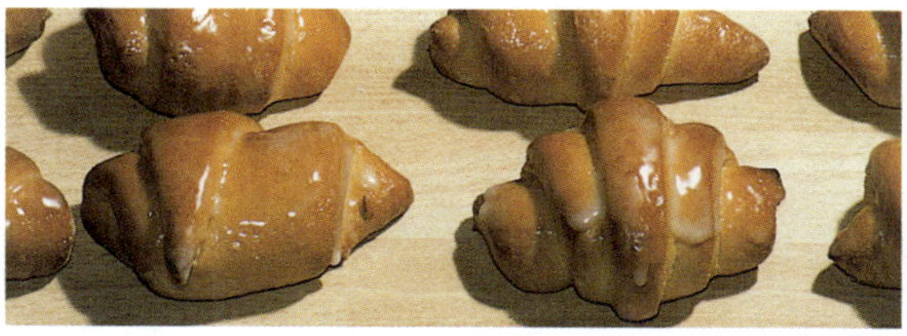
Mangelhafte Hörnchen (links) und mangelfreie Hörnchen (rechts)

Aufgabe:
Erstellen Sie anhand der obigen Arbeitsabläufe jeweils ein Fließschema (auf der folgenden Seite).

Aufgabenblatt für die praktische Zwischenprüfung

6. Musteraufgabe: Fließschemen für gefüllte Plunderschnecken und Plunderhörnchen

6.1 Fließschema für gefüllte Plunderschnecken

6.2 Fließschema für gefüllte Plunderhörnchen

Information: Zeitplan für die praktische Zwischenprüfung

Fließschema und Zeitplanung

→ Erstellen Sie zunächst für jede Gebäcksorte, die Sie in der praktischen Zwischenprüfung herstellen wollen, das Fließschema mit den einzelnen Arbeitsschritten.
Ordnen Sie den einzelnen Arbeitsschritten die dafür erforderliche Soll-Arbeitszeit zu.

→ Erstellen Sie anhand der Soll-Arbeitszeiten in den Fließschemata den Zeitplan für die gesamte praktische Zwischenprüfung.
Verschachteln Sie dabei die Arbeitsabläufe nach praktischen Gesichtspunkten (z. B. parallel zur Teigruhezeit eines Hefefeinteigs planen Sie das Kneten eines anderen Teiges).
Die Rüst- und Aufräumarbeiten können Sie den verschiedenen Arbeitsgängen zuordnen.
Sie müssen diese Zeiten nicht gesondert aufführen.

Muster für eine Zeitplanung (orientiert an der Uhrzeit des Prüfungstags)

8.00 Uhr:	Zutaten für Plunder-Grundteig abwiegen Plunder-Grundteig mixen
8.10 Uhr:	Zutaten für Weizenbrotteig abwiegen Weizenbrotteig kneten
8.15 Uhr:	Zopfteig vom Plunder-Grundteig abnehmen und in Stücke aufteilen
8.20 Uhr:	Plunderteig 2 x einfach tourieren
8.30 Uhr:	Zutaten für Brötchenteig abwiegen Brötchenteig kneten
8.35 Uhr:	Zopf flechten
8.40 Uhr:	Weizenbrote aufarbeiten
8.50 Uhr:	Brötchen aufarbeiten
9.10 Uhr:	Zopf abbacken
9.15 Uhr:	Plunderteig 1 x einfach tourieren
9.20 Uhr:	Weizenbrote abbacken
9.25 Uhr:	Brötchen zum Backen vorbereiten
9.30 Uhr:	Brötchen abbacken
9.35 Uhr:	Plunderteig aufarbeiten
10.15 Uhr:	Tisch für Präsentation vorbereiten
10.45 Uhr:	Plunder abbacken
11.05 Uhr:	Plundergebäcke aprikotieren und glasieren
11.20 Uhr:	Präsentation der Prüfungsgebäcke anrichten
11.30 Uhr:	Aufräumen

Aufgabe zum Üben:

→ Erstellen Sie nach dem obigen Muster den Zeitplan für die praktische Zwischenprüfung, und zwar mit den Prüfungsaufgaben, die Sie selbst bestimmen können.
Stellen Sie den Zeitplan auf der folgenden Seite dar.
(Beachten Sie: Im obigen Muster sind nur 3,5 Stunden an Prüfungszeit verplant worden. Die restliche halbe Stunde von den 4 Stunden Prüfungshöchstzeit wurde für die Planungsphase der praktischen Zwischenprüfung verwendet.)

Aufgabenblatt für die praktische Zwischenprüfung

Aufgabe: Zeitplan für die praktische Prüfung

→ Von wann bis wann dauert meine praktische Zwischenprüfung? ______________________

→ Was sind die Aufgaben in meiner praktischen Zwischenprüfung?

1. ______________________
2. ______________________
3. ______________________

→ Wie teile ich die Zeit auf für die praktischen Aufgaben?

Zeitplan

Beispiel für die Arbeitsaufgabe 1 in der praktischen Zwischenprüfung (Pflichtaufgabe)

DIGITAL+

Situationsbeschreibung:
In Ihrem Betrieb soll das Sortiment an Weizenbroten abwechslungsreich gestaltet werden. Sie sollen dafür vier verschiedene Weizenbrot-Sorten herstellen.

Aufgaben:

1. Nennen Sie die *vier Weizenbrot-Sorten*, die Sie herstellen wollen.

2. Beschreiben Sie die *Qualitäts-Erwartungen*, die Kunden beim Kauf dieser Weizenbrote haben.

3. Formulieren Sie stichwortartig die *Verkaufsargumente* für die herzustellenden Weizenbrote.

4. Errechnen und erstellen Sie das *Arbeitsrezept*, ausgehend von 1500 g Weizenmehl.

5. Nennen Sie die Bedingungen für Teigführung, Gare und Backen für die herzustellenden Weizenbrote.

6. Erstellen Sie den Zeitplan und ein Fließschema für diese Arbeitsaufgabe. *(Fließschema auf Extra-Blatt)*

   Zeitlicher Ablauf:

7. Führen Sie auf, was Sie hinsichtlich Hygiene, Arbeitssicherheit und Umweltschutz beachten müssen.

8. Beurteilen Sie die Ergebnisse Ihrer Arbeit und präsentieren Sie die Weizenbrote in einer Warenauslage.
   (Für die Beurteilung der Weizenbrote können Sie einen vorgefertigten Beurteilungsbogen benutzen.)
   (Für die Präsentation der Weizenbrote sind von Ihnen die erforderlichen Präsentationsmittel mitzubringen.)

Beispiel für die Arbeitsaufgabe 2 in der praktischen Zwischenprüfung (Pflichtaufgabe)

DIGITAL+

Situationsbeschreibung:
In den Verkaufsstellen Ihres Betriebs will man je nach Tageszeit andere Weizenkleingebäcke anbieten. Sie sollen dafür fünf verschiedene Sorten an Weizenkleingebäcken herstellen.

Aufgaben:

1. Nennen Sie die *fünf Weizenkleingebäck-Sorten*, die Sie herstellen wollen *(insgesamt 30 Gebäckstücke)*.

2. Beschreiben Sie die *Qualitäts-Erwartungen*, die Kunden beim Kauf dieser Weizenkleingebäcke haben.

3. Formulieren Sie stichwortartig die *Verkaufsargumente* für die herzustellenden Weizenkleingebäcke.

4. Erstellen Sie die *Rezeptur*, ausgehend von 1000 g Weizenmehl.

5. Nennen Sie die Bedingungen für Teigführung, Gare und Backen für die herzustellenden Weizenkleingebäcke.

6. Erstellen Sie den Zeitplan und ein Fließschema für diese Arbeitsaufgabe. *(Fließschema auf Extra-Blatt)*

   Zeitlicher Ablauf:

7. Führen Sie auf, was Sie hinsichtlich Hygiene, Arbeitssicherheit und Umweltschutz beachten müssen.

8. Beurteilen Sie die Ergebnisse Ihrer Arbeit und präsentieren Sie die Weizenkleingebäcke in einer Warenauslage.
   (Für die Beurteilung der Gebäcke können Sie einen vorgefertigten Beurteilungsbogen benutzen.)
   (Für die Präsentation der Gebäcke sind von Ihnen die erforderlichen Präsentationsmittel mitzubringen.)

Beispiel für die Arbeitsaufgabe 3 in der praktischen Zwischenprüfung (eine mögliche Wahlaufgabe)

Situationsbeschreibung:
In einer Verkaufsaktion will Ihr Betrieb verschiedene Plunderteilchen als Kaffeegebäcke anbieten. Sie sollen dafür fünf verschiedene Sorten mit unterschiedlichen Formen und Füllungen herstellen.

DIGITAL+

Aufgaben:

1. Nennen und beschreiben Sie die *fünf Plundergebäck-Sorten*, die Sie herstellen wollen *(insgesamt 20 Stückchen)*.

2. Beschreiben Sie die *Qualitäts-Erwartungen*, die Kunden beim Kauf dieser Plundergebäcke haben.

3. Formulieren Sie stichwortartig die *Verkaufsargumente* für die herzustellenden Plundergebäcke.

4. Erstellen Sie die *Rezeptur*, ausgehend von 1000 g Weizenmehl.

5. Nennen Sie die Bedingungen für Teig, Tourierung, Gare und Backen für die herzustellenden Plundergebäcke.

6. Erstellen Sie ein Fließschema und den Zeitplan für diese Arbeitsaufgabe. *(Fließschema auf Extra-Blatt)*

   Zeitlicher Ablauf:

7. Führen Sie auf, was Sie hinsichtlich Hygiene, Arbeitssicherheit und Umweltschutz beachten müssen.

8. Beurteilen Sie die Ergebnisse Ihrer Arbeit und präsentieren Sie *20 Stück Plundergebäcke* in einer Warenauslage.
   (Für die Beurteilung der Gebäcke können Sie einen vorgefertigten Beurteilungsbogen benutzen.)
   (Für die Präsentation der Gebäcke sind von Ihnen die erforderlichen Präsentationsmittel mitzubringen.)

Beispiel für die Arbeitsaufgabe 3 in der praktischen Zwischenprüfung (eine mögliche Wahlaufgabe)

Situationsbeschreibung:
Zum täglichen Backwarensnack-Sortiment Ihres Betriebs gehören pikant gefüllte Croissants.
Sie sollen dafür 16 Stück Croissants je 60 g Teigeinlage mit 30 g einer Käse-Schinken-Füllung herstellen.

DIGITAL+

Aufgaben:

1. Beschreiben Sie die *Qualitäts-Erwartungen*, die Kunden beim Kauf dieser Croissants haben.

2. Formulieren Sie stichwortartig die *Verkaufsargumente* für die herzustellenden Croissants.

3. Errechnen und erstellen Sie die *Rezeptur*, ausgehend von 500 g Weizenmehl.

4. Erstellen Sie die *Rezeptur für eine weiche Füllung* der Croissants, einschließlich harmonisierender Gewürze.

5. Nennen Sie die Bedingungen für Teig, Tourierung, Gare und Backen für die herzustellenden Croissants.
Zeichnen Sie auch auf, mit welcher Schnittführung Sie die Croissant-Teiglinge aus dem Teigband schneiden.

6. Erstellen Sie ein Fließschema und den Zeitplan für diese Arbeitsaufgabe. *(Fließschema auf Extra-Blatt)*

Zeitlicher Ablauf:

7. Führen Sie auf, was Sie hinsichtlich Hygiene, Umweltschutz und Arbeitssicherheit beachten müssen.

8. Beurteilen Sie die Ergebnisse Ihrer Arbeit und präsentieren Sie *16 Stück der Croissants* in einer Warenauslage.
(Für die Beurteilung der Gebäcke können Sie einen vorgefertigten Beurteilungsbogen benutzen.)
(Für die Präsentation der Gebäcke sind von Ihnen die erforderlichen Präsentationsmittel mitzubringen.)

Information: Benutzung der Beurteilungsbogen für Prüfungsarbeiten in der praktischen Zwischenprüfung

DIGITAL+

→ In dieser Broschüre finden Sie Beurteilungsbogen.
Die Beurteilungsbogen helfen Ihnen, dass Sie mit Hilfe von ausgewählten Merkmalen rasch und sicher gelenkt die Prüfungsergebnisse in der praktischen Zwischenprüfung beurteilen können.

- Die Kriterien für die Gebäckbeurteilung sind nicht so umfassend ausgewählt wie die Beurteilungsmerkmale für offizielle Qualitätsprüfungen (z. B. nach dem DLG-Schema). Sie erlauben Ihnen aber eine Beurteilung Ihrer Gebäcke, so wie es für die Reflexion/Kontrolle in der Zwischenprüfung erwartet wird.
- Die Kriterien für die Gebäckbeurteilung in den Beurteilungsbogen können Sie „offen nutzen".
  Das heißt: Sie können diese bei Bedarf/nach Ihrem Wunsch handschriftlich ergänzen und abändern. Oder Sie können auch die Beurteilungsmerkmale unbearbeitet lassen, die für eine Gebäcksorte nicht zutreffen.

→ Wenn der Prüfungsausschuss Ihnen bei der Aufgabenstellung für die praktische Zwischenprüfung einen bestimmten Beurteilungsbogen vorgibt, so müssen Sie diesen benutzen.

Wenn der Prüfungsausschuss einen Beurteilungsbogen vorgibt, sollen damit nämlich für alle Prüflinge Ihrer Prüfungsgruppe gleiche Bedingungen bei der Gebäckbeurteilung garantiert werden.

→ Wenn es Ihnen der Prüfungsausschuss freistellt, ob Sie einen Beurteilungsbogen benutzen wollen oder welchen Bogen Sie anwenden, dann sollten Sie den Beurteilungsbogen aus dieser Broschüre vorlegen und als zulässiges Hilfsmittel für Ihre Prüfung genehmigen lassen.

Tipps für die Benutzung der Beurteilungsbogen für Prüfungsarbeiten in der praktischen Zwischenprüfung

→ Ihre Beurteilung der einzelnen Gebäcke können Sie lenken, und zwar mit der **Abfolge der Beurteilungsmerkmale**.

Sie beginnen also die Beurteilung bei der äußeren Form oder beim Volumen.

Sie beenden die Beurteilung bei der Krume oder der Füllung.

Folgen Sie bei Ihrer Gebäckbeurteilung dieser Anordnung.

Kreuzen Sie das jeweils zutreffende Beurteilungsmerkmal an.

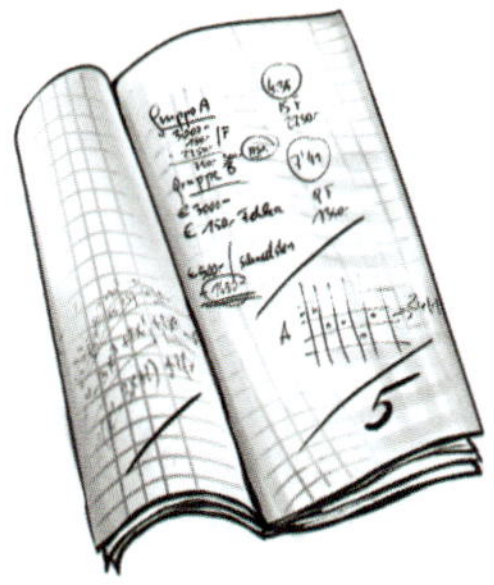

→ Die Beurteilungsmerkmale sind so formuliert, dass sie möglichst allgemein anzuwenden sind.

Die Beurteilungsmerkmale sind für Sie auch anwendungs-offen.

Sie können die Bezeichnungen abändern oder ergänzen, vor allem bei den Kästchen ohne eine beigefügte Bezeichnung.

→ Bei vielen Beurteilungsmerkmalen finden Sie die Zuordnung „sorten-typisch".
Diese Beurteilung können Sie immer dann ankreuzen, wenn das Gebäck die Qualität hat, die Sie erwarten.

→ Die Beurteilung von Krumeneigenschaften ist schwierig, wenn Sie das Gebäck kurz nach dem Backen und noch nicht ausgekühlt beurteilen.

Sie sollten daher beispielsweise für die Krumenbeurteilung beachten,
- ob sich das Porenbild der Gebäckkrume beim Durchschneiden des Gebäcks verändert hat oder
- ob sich die Elastizität der Gebäckkrume bereits sicher einschätzen lässt.

→ Für das „Zusammenfassende Urteil" können Sie aufgrund Ihrer Beurteilungen der einzelnen Merkmale für jede Sorte einen Punktwert festlegen, den Sie oben in der Kopfzeile hinter der Sorten-Nummer notieren.

Für diese Punktwerte können Sie sich am 100-Punkte-System orientieren (z. B. 85 von 100 Punkten geben).
Von diesen Punktwerten ausgehend können Sie leicht auf eine Note für das Gebäck schließen.

→ Für die „Verbesserungsvorschläge" können Sie aufgrund Ihrer Kritik bei einzelnen Beurteilungsmerkmalen einfach diejenigen Maßnahmen ableiten, mit denen Sie künftig den Qualitätsmangel des Gebäcks vermeiden wollen (z. B. „zu helle, dünne Kruste" vermeiden durch „längere Backzeit" oder „höhere Backtemperatur").

Beurteilungsbogen für die **Prüfungsarbeiten 1 und 2** in der praktischen **Zwischenprüfung** (Pflichtaufgaben)

Beurteilung von Weizenbroten (5 mögliche Sorten)

	Sorte 1	Sorte 2	Sorte 3	Sorte 4	Sorte 5
Form und Volumen	☐ sorten-typisch ☐ zu breit/zu flach ☐ zu rund/zu klein ☐	☐ sorten-typisch ☐ zu breit/zu flach ☐ zu rund/zu klein ☐	☐ sorten-typisch ☐ zu breit/zu flach ☐ zu rund/zu klein ☐	☐ sorten-typisch ☐ zu breit/zu flach ☐ zu rund/zu klein ☐	☐ sorten-typisch ☐ zu breit/zu flach ☐ zu rund/zu klein ☐
Kruste und Bräunung	☐ sorten-typisch ☐ zu dunkel/zu stark ☐ zu hell/zu dünn ☐ zu matt/mehlig ☐	☐ sorten-typisch ☐ zu dunkel/zu stark ☐ zu hell/zu dünn ☐ zu matt/mehlig ☐	☐ sorten-typisch ☐ zu dunkel/zu stark ☐ zu hell/zu dünn ☐ zu matt/mehlig ☐	☐ sorten-typisch ☐ zu dunkel/zu stark ☐ zu hell/zu dünn ☐ zu matt/mehlig ☐	☐ sorten-typisch ☐ zu dunkel/zu stark ☐ zu hell/zu dünn ☐ zu matt/mehlig ☐
Ausbund	☐ sorten-typisch ☐ zu wild ☐ zu gering ☐	☐ sorten-typisch ☐ zu wild ☐ zu gering ☐	☐ sorten-typisch ☐ zu wild ☐ zu gering ☐	☐ sorten-typisch ☐ zu wild ☐ zu gering ☐	☐ sorten-typisch ☐ zu wild ☐ zu gering ☐
Krume	☐ sorten-typisch ☐ feinporig ☐ grobporig ☐ feucht/unelastisch ☐ kaum bestreichbar ☐	☐ sorten-typisch ☐ feinporig ☐ grobporig ☐ feucht/unelastisch ☐ kaum bestreichbar ☐	☐ sorten-typisch ☐ feinporig ☐ grobporig ☐ feucht/unelastisch ☐ kaum bestreichbar ☐	☐ sorten-typisch ☐ feinporig ☐ grobporig ☐ feucht/unelastisch ☐ kaum bestreichbar ☐	☐ sorten-typisch ☐ feinporig ☐ grobporig ☐ feucht/unelastisch ☐ kaum bestreichbar ☐

Zusammenfassendes Urteil – eventuelle Verbesserungsvorschläge:

Beurteilung von Weizenkleingebäcken (5 mögliche Sorten)

	Sorte 1	Sorte 2	Sorte 3	Sorte 4	Sorte 5
Form und Volumen	☐ sorten-typisch ☐ zu breit/zu flach ☐ zu rund/zu klein ☐	☐ sorten-typisch ☐ zu breit/zu flach ☐ zu rund/zu klein ☐	☐ sorten-typisch ☐ zu breit/zu flach ☐ zu rund/zu klein ☐	☐ sorten-typisch ☐ zu breit/zu flach ☐ zu rund/zu klein ☐	☐ sorten-typisch ☐ zu breit/zu flach ☐ zu rund/zu klein ☐
Kruste und Bräunung	☐ sorten-typisch ☐ zu dunkel/zu stark ☐ zu hell/zu dünn ☐	☐ sorten-typisch ☐ zu dunkel/zu stark ☐ zu hell/zu dünn ☐	☐ sorten-typisch ☐ zu dunkel/zu stark ☐ zu hell/zu dünn ☐	☐ sorten-typisch ☐ zu dunkel/zu stark ☐ zu hell/zu dünn ☐	☐ sorten-typisch ☐ zu dunkel/zu stark ☐ zu hell/zu dünn ☐
Rösche	☐ sorten-typisch ☐ grobsplittrig ☐ weich/pappig ☐	☐ sorten-typisch ☐ grobsplittrig ☐ weich/pappig ☐	☐ sorten-typisch ☐ grobsplittrig ☐ weich/pappig ☐	☐ sorten-typisch ☐ grobsplittrig ☐ weich/pappig ☐	☐ sorten-typisch ☐ grobsplittrig ☐ weich/pappig ☐
Ausbund	☐ sorten-typisch ☐ zu wild ☐ zu gering ☐	☐ sorten-typisch ☐ zu wild ☐ zu gering ☐	☐ sorten-typisch ☐ zu wild ☐ zu gering ☐	☐ sorten-typisch ☐ zu wild ☐ zu gering ☐	☐ sorten-typisch ☐ zu wild ☐ zu gering ☐
Krume	☐ sorten-typisch ☐ grobporig ☐ kaum bestreichbar ☐	☐ sorten-typisch ☐ grobporig ☐ kaum bestreichbar ☐	☐ sorten-typisch ☐ grobporig ☐ kaum bestreichbar ☐	☐ sorten-typisch ☐ grobporig ☐ kaum bestreichbar ☐	☐ sorten-typisch ☐ grobporig ☐ kaum bestreichbar ☐

Zusammenfassendes Urteil – eventuelle Verbesserungsvorschläge:

Beurteilungsbogen für die **3. Prüfungsarbeit** in der praktischen Zwischenprüfung (Wahlaufgabe)

→ Benutzen Sie bitte das Schema, das zu der jeweiligen Wahlaufgabe passt.

Beurteilung von Feinen Backwaren (5 mögliche Sorten)

	Sorte 1	Sorte 2	Sorte 3	Sorte 4	Sorte 5
Form und Größe	☐ sorten-typisch ☐ unregelmäßig groß ☐ zu klein ☐	☐ sorten-typisch ☐ unregelmäßig groß ☐ zu klein ☐	☐ sorten-typisch ☐ unregelmäßig groß ☐ zu klein ☐	☐ sorten-typisch ☐ unregelmäßig groß ☐ zu klein ☐	☐ sorten-typisch ☐ unregelmäßig groß ☐ zu klein ☐
Kruste und Bräunung	☐ sorten-typisch ☐ zu dunkel/zu stark ☐ zu hell/zu dünn ☐	☐ sorten-typisch ☐ zu dunkel/zu stark ☐ zu hell/zu dünn ☐	☐ sorten-typisch ☐ zu dunkel/zu stark ☐ zu hell/zu dünn ☐	☐ sorten-typisch ☐ zu dunkel/zu stark ☐ zu hell/zu dünn ☐	☐ sorten-typisch ☐ zu dunkel/zu stark ☐ zu hell/zu dünn ☐
Aprikotur und Glasur	☐ sorten-typisch ☐ zu dick ☐ zu wenig ☐	☐ sorten-typisch ☐ zu dick ☐ zu wenig ☐	☐ sorten-typisch ☐ zu dick ☐ zu wenig ☐	☐ sorten-typisch ☐ zu dick ☐ zu wenig ☐	☐ sorten-typisch ☐ zu dick ☐ zu wenig ☐
Dekor und Füllung	☐ sorten-typisch ☐ unsauber ☐ zu wenig ☐ unangemessen ☐ ☐	☐ sorten-typisch ☐ unsauber ☐ zu wenig ☐ unangemessen ☐ ☐	☐ sorten-typisch ☐ unsauber ☐ zu wenig ☐ unangemessen ☐ ☐	☐ sorten-typisch ☐ unsauber ☐ zu wenig ☐ unangemessen ☐ ☐	☐ sorten-typisch ☐ unsauber ☐ zu wenig ☐ unangemessen ☐ ☐

Zusammenfassendes Urteil – eventuelle Verbesserungsvorschläge:

Beurteilung von Snacks oder Partygebäcken (5 mögliche Sorten)

	Sorte 1	Sorte 2	Sorte 3	Sorte 4	Sorte 5
Form und Volumen	☐ sorten-typisch ☐ zu breit/zu flach ☐ zu klein ☐	☐ sorten-typisch ☐ zu breit/zu flach ☐ zu klein ☐	☐ sorten-typisch ☐ zu breit/zu flach ☐ zu klein ☐	☐ sorten-typisch ☐ zu breit/zu flach ☐ zu klein ☐	☐ sorten-typisch ☐ zu breit/zu flach ☐ zu klein ☐
Kruste und Bräunung	☐ sorten-typisch ☐ zu dunkel/zu stark ☐ zu hell/zu dünn ☐	☐ sorten-typisch ☐ zu dunkel/zu stark ☐ zu hell/zu dünn ☐	☐ sorten-typisch ☐ zu dunkel/zu stark ☐ zu hell/zu dünn ☐	☐ sorten-typisch ☐ zu dunkel/zu stark ☐ zu hell/zu dünn ☐	☐ sorten-typisch ☐ zu dunkel/zu stark ☐ zu hell/zu dünn ☐
Boden oder Gebäck-körper	☐ sorten-typisch ☐ zu hart/spröde ☐ weich/speckig ☐	☐ sorten-typisch ☐ zu hart/spröde ☐ weich/speckig ☐	☐ sorten-typisch ☐ zu hart/spröde ☐ weich/speckig ☐	☐ sorten-typisch ☐ zu hart/spröde ☐ weich/speckig ☐	☐ sorten-typisch ☐ zu hart/spröde ☐ weich/speckig ☐
Füllung oder Auflage	☐ sorten-typisch ☐ zu viel ☐ zu wenig ☐	☐ sorten-typisch ☐ zu viel ☐ zu wenig ☐	☐ sorten-typisch ☐ zu viel ☐ zu wenig ☐	☐ sorten-typisch ☐ zu viel ☐ zu wenig ☐	☐ sorten-typisch ☐ zu viel ☐ zu wenig ☐
Konsistenz	☐ sorten-typisch ☐ zu fließend ☐ zu trocken ☐	☐ sorten-typisch ☐ zu fließend ☐ zu trocken ☐	☐ sorten-typisch ☐ zu fließend ☐ zu trocken ☐	☐ sorten-typisch ☐ zu fließend ☐ zu trocken ☐	☐ sorten-typisch ☐ zu fließend ☐ zu trocken ☐

Zusammenfassendes Urteil – eventuelle Verbesserungsvorschläge:

Information: Allgemeine Regelungen zur schriftlichen Zwischenprüfung

→ **Betrachten Sie zunächst, was in § 9 der Ausbildungsverordnung zur schriftlichen Zwischenprüfung festgelegt ist.**

In höchstens 150 Minuten soll der Prüfling Aufgaben schriftlich bearbeiten, die sich auf die praktischen Aufgaben beziehen.

Dabei soll der Prüfling zeigen,
- dass er Arbeitsschritte planen kann,
- Arbeitsmittel festlegen kann,
- Rohstoffe beurteilen kann,
- Mengen bestimmen kann *sowie*
- lebensmittelrechtliche Vorschriften und Maßnahmen der Qualitätssicherung berücksichtigen kann.

Die Zwischenprüfung soll in der Zeit vom 18. bis 24. Monat der Ausbildungszeit stattfinden.

Welche Anforderungen ergeben sich demnach für die schriftliche Zwischenprüfung?

- Die Anforderungen für die schriftliche Zwischenprüfung müssen aus den Inhalten des Ausbildungsrahmenplans für das 1. Ausbildungsjahr und der ersten Hälfte des 2. Ausbildungsjahres sowie aus dem Lehrstoff der Berufsschule für diesen Zeitraum abgeleitet sein. Laut Rahmenlehrplan der Berufsschule sind inhaltlich also die *Lernfelder der ersten 18 Monate* der Ausbildung heranzuziehen. *(Kompetenz-Checkliste)*
- Bei der Ausbildung nach dem *Lernfeldkonzept* ist es typisch, dass sich die Lernsituationen aus *konkreten beruflichen Handlungen* herleiten.
  Dem müssen auch die Aufgaben in der schriftlichen Zwischenprüfung entsprechen.
  Die Aufgaben müssen sich also auf die Aufgaben in der praktischen Zwischenprüfung beziehen.
  Dabei sind *ganzheitliche berufliche Handlungen* zu Grunde zu legen.

  Das heißt: Die Aufgaben umfassen alle Schritte, vom *Planen* über das *Durchführen* bis hin zum *Bewerten*.
  Daraus ergeben sich folgende Grundfragen:
  - Was soll getan werden? .... Information
  - Wie ist bei der Arbeit vorzugehen? .... Planung
  - Welche Arbeitsschritte sind auszuführen; welche Maschinen und Geräte sind nötig? .... Organisation
  - Wird die Arbeit planungsgemäß ausgeführt? .... Durchführen
  - Ist die Arbeit fachgerecht ausgeführt worden? .... Kontrolle
  - Sind die Ziele und die angestrebte Qualität erreicht worden? .... Bewerten

Welche Aufgaben werden in der schriftlichen Zwischenprüfung gestellt?

- Die *Inhalte* ergeben sich aus den praktischen Aufgaben und dem Lehrstoff der Berufsschule der ersten 18 Monate.
- Das *Anspruchsniveau* der Aufgaben ergibt sich aus den oben genannten Anforderungen.
- Der *Umfang* der Aufgaben richtet sich nach der Bearbeitungszeit.

Welche Aufgabentypen sind üblich?

- Es gibt Einzelfragen zur freien Beantwortung, bei denen ausgewählte Inhalte und Anforderungen herangezogen werden.
  - Dafür finden Sie im Folgenden ein Arbeitsblatt.
- Es gibt Projektaufgaben zur freien Beantwortung, die in lösungs-lenkende Einzelfragen unterteilt sein können.
  - Dafür finden Sie im Folgenden ein Arbeitsblatt.
- Es gibt Testfragen zur gebundenen Beantwortung, die sich auf ausgewählte Inhalte und Anforderungen beziehen.
  - Dafür finden Sie im Folgenden einige Muster für Aufgabenstellungen.

→ Wählen Sie die Aufgabenstellungen aus, die Sie zur Übung bearbeiten möchten.

→ Schätzen Sie Ihren Leistungsstand ein, indem Sie Ihre Lösungen selbst bewerten.
  - Beachten Sie dazu die Punktzahlen, die jeder Aufgabe zugewiesen sind.
  - Wenden Sie zur Gesamtbewertung Ihrer Aufgabenlösungen den 100-Punkte-Schüssel an.

100-Punkte-Schüssel:
sehr gut = 100–92 Punkte, gut = 91–81 Punkte, befriedigend = 80–67 Punkte
ausreichend = 66–50 Punkte, mangelhaft = 49–30 Punkte, ungenügend = 29–0 Punkte

Kompetenz-Checkliste für die schriftliche Zwischenprüfung

Was soll ich können? Wo stehe ich mit meinem Können?

Diese Kompetenz-Checkliste ist ein Kontroll-Instrument. Mit der Checkliste können Sie für sich klären, inwieweit Sie die Anforderungen in der schriftlichen Zwischenprüfung erfüllen. Sie bezieht sich inhaltlich auf die praktische Zwischenprüfung sowie auf diejenigen Lernfelder des Berufsschulunterrichts, die für die Zwischenprüfung in Betracht kommen können.

→ **Bearbeiten** Sie die Tests „Zwischenprüfung im Erfolgstrainer", möglichst nach einer Übung mit Arbeitsblättern.
Tragen Sie die erzielten Punktergebnisse auf diesem Bogen ein **(blaue Felder)**.
Prüfen Sie, ob Ihnen **in bestimmten Aufgabengebieten** fachliche Kenntnisse fehlen.

→ **Wählen** Sie die entsprechenden **Aufgabenkataloge** aus, bearbeiten Sie diese, nachdem Sie dafür gelernt haben.
Die Liste der Aufgabenkataloge auf dieser Seite soll Ihnen bei der Auswahl helfen.
Sie sollten nur gezielt bestimmte Aufgabenkataloge bearbeiten, eventuell auch nochmals wiederholt bearbeiten.

→ **Protokollieren** Sie auf diesem Bogen Ihre Erfolge beim Steigern Ihrer fachlichen Kenntnisse.

	Punktergebnisse		
	Erstergebnis	**1. Wiederholung**	**2. Wiederholung**
Vorbereitungstest 1 und/oder Vorbereitungstest 2 „Zwischenprüfung"			
Aufgabenpaket „Zwischenprüfung"			

Aufgabenkataloge	**Punktergebnisse**		
	Erstergebnis	**1. Wiederholung**	**2. Wiederholung**
Grundlagen der Herstellung von Backwaren			
– Herstellen einfacher Teige			
– Getreidemahlerzeugnisse			
– Kochsalz als Teigzutat			
– Backmittel für Weizenhefegebäcke			
– Biologische Teiglockerung durch Backhefe			
– Führen und Aufarbeiten von Weizenhefeteigen			
Herstellen von Feinen Backwaren aus Teigen			
– Zutaten für Hefefeinteige			
– Führungen für Hefefeinteige			
– Herstellen von Gebäcken aus leichten Hefefeinteigen			
– Herstellen von Gebäcken aus mittelschweren Hefefeinteigen			
– Herstellen von Gebäcken aus schweren und gerührten Hefefeinteigen			
– Herstellen von Siedegebäcken aus Hefefeinteigen			
– Herstellen von Gebäcken aus tourierten Teigen			
– Herstellen von Mürbeteiggebäcken			
– Herstellen von Lebkuchengebäcken			
Herstellen von Weizenbroten und Weizenkleingebäcken			
– Das Weizenbrotsortiment			
– Führungen für Weizenbrotteige			
– Herstellen und Aufarbeiten von Weizenbrotteigen			
– Herstellen von speziellen Weizenbroten			
– Herrichten und Backen von Weizenbrotteiglingen			
– Qualitätsbeurteilung von Weizenbroten			
– Brotkrankheit Fadenziehen			
– Führungen zur Herstellung von Weizenkleingebäcken			
– Anlagen zum Aufarbeiten von Weizenteigen			
– Herstellen von speziellen Weizenkleingebäcken			
– Qualitätsbeurteilung und Qualitätserhaltung von Weizenkleingebäcken			
Herstellen von Backwarensnacks			
– Gebackene Snacks aus verschiedenen Teigen			
– Vorproduktion und Fertigbacken von Snacks			
– Herstellen von belegten Snacks			
– Präsentation und Verkauf von Backwarensnacks			
– Partygebäcke aus der Bäckerei			
– Pikante Torten und Desserts			

Anmerkungen zur Kompetenz-Checkliste für die schriftliche Zwischenprüfung

Die **Aufgabenkataloge** auf der Vorderseite dieses Blattes beziehen sich auf die Lernfelder laut Rahmenlehrplan für die ersten 18 Monate Ihrer Berufsausbildung. Umfassend können Sie sich dafür vorbereiten mit den Tests und Aufgaben für die Grundstufe sowie für das erste Halbjahr der Fachstufe 1 im Erfolgstrainer.

Die **Aufgaben für die schriftliche Zwischenprüfung** beziehen sich im engeren Sinne auf die Aufgaben in der praktischen Zwischenprüfung. Darauf sind die Einzelfragen, die Projektaufgabe sowie die Testaufgaben (ab Seite 47) ausgerichtet. Außerdem finden Sie zur weiteren Übung dazu Aufgaben im „Aufgabenpaket Zwischenprüfung".

Fragen Sie in der Berufsschule oder beim Prüfungsausschuss nach, in welchem inhaltlichen Umfang die Aufgaben für die schriftliche Zwischenprüfung in Ihrem Innungsbereich gestellt werden.

Meine Anmerkungen zur gezielten Vorbereitung auf den Anspruch in der schriftlichen Zwischenprüfung:

Aufgabenblatt für die schriftliche Zwischenprüfung
Fachmathematische Übungsaufgaben: Rechnen mit Gewichtseinheiten

Situationsbeschreibung:
Sie sollen Zutaten für die Teigbereitung abwiegen.
Auf dem Rezepturblatt finden Sie dafür die notwendigen Gewichtsangaben.
Formen Sie diese um, wenn das in den folgenden Aufgaben gefordert wird.
Berechnen Sie die Gesamtmenge, wenn das in den folgenden Aufgaben gefordert wird.

DIGITAL+

Aufgaben:

1. Sie sollen **300 g** Butter abwiegen. *Wandeln Sie diese g-Angabe in die kg-Angabe um.*
   Auf welchen Wert müssen Sie die Waage auf der Kilogramm-Skala einstellen?

   Antwort: ____________________

2. Sie sollen **1800 g** Zucker abwiegen. *Wandeln Sie diese g-Angabe in die kg-Angabe um.*
   Auf welchen Wert müssen Sie die Waage auf der Kilogramm-Skala einstellen?

   Antwort: ____________________

3. Sie sollen **1200 g** Mehl + **150 g** Zucker + **200 g** Butter + **100 g** Backhefe abwiegen.
   Schreiben Sie die **g-Werte exakt untereinander** und zählen Sie diese zusammen.
   a) Wie viel g Zutaten sind das insgesamt?
   b) Formen Sie die g-Summe in eine kg-Angabe um.

   Antwort: a) ____________________

   Antwort: b) ____________________

4. Sie sollen **1,500 kg** Zucker + **3,000 kg** Butter + **4,500 kg** Mehl abwiegen.
   Schreiben Sie die **kg-Werte exakt untereinander** und zählen Sie diese zusammen.
   Wie viel kg Zutaten sind das insgesamt?

   Antwort: ____________________

5. Sie sollen **450 g** Mandeln + **1,500 kg** Zucker + **2 250 g** Mehl abwiegen.
   Schreiben Sie die **Werte als kg exakt untereinander** und zählen Sie diese zusammen.
   Wie viel kg Zutaten sind das insgesamt?

   Antwort: ____________________

Platz für Nebenrechnungen und Bemerkungen

Aufgabenblatt für die schriftliche Zwischenprüfung

Fachmathematische Übungsaufgaben: Rechnen mit Gewichtseinheiten

Situationsbeschreibung:
Sie sollen Zutaten und Teigstücke abwiegen.
Formen Sie Gewichtsangaben um, damit Sie mit gleichen Werten rechnen können.
Berechnen Sie die Gesamtmenge, wenn das in den folgenden Aufgaben gefordert wird.

DIGITAL+

Aufgaben:

1. Sie sollen **6500 g** Weizenmehl und **5,500 kg** Roggenmehl abwiegen.
   Wie viel kg Mehl sind das insgesamt?

   Antwort: ______________________________

2. Für einen Teig haben Sie **24,000 kg** Mehl + **12,000 kg Milch** + **3800 g** weitere Zutaten abgewogen.
   Schreiben Sie die **kg-Werte exakt untereinander** und zählen Sie diese zusammen.
   Wie viel kg Teig erhalten Sie daraus?

   Antwort: ______________________________

3. Sie haben von **6,800 kg** Teig im Bottich. Davon haben Sie **2,400 kg** Teig abgenommen.
   Wie viel kg Teig sind noch übrig?

   Antwort: ______________________________

4. Im Knetkessel waren **24,000 kg** Teig.
   Sie haben davon **15 Teiglinge je 1200 g** ausgewogen.
   a) Wie viel kg Teig haben Sie demnach entnommen?
   b) Wie viel kg Teig müssten rechnerisch noch im Knetkessel übrig sein?

   Antwort: a) ______________________________

   Antwort: b) ______________________________

5. Sie sollen **20 Teiglinge je 1250 g** + **10 Teiglinge je 1,500 kg** abwiegen.
   Wie viel kg Teig benötigen Sie dafür?

   Antwort: ______________________________

Platz für Nebenrechnungen und Bemerkungen

Aufgabenblatt für die schriftliche Zwischenprüfung

Fachmathematische Übungsaufgaben: Rechnen mit der Teigausbeute

Situationsbeschreibung:
Sie erhalten die Information darüber, was die Teigausbeutezahl ausdrückt:
Teigausbeute (= TA) ist die Menge Teig, die man aus 100 Teilen Mehl erhält.
Das heißt: TA-Zahl abzüglich 100 Teile Mehl ergibt die Wassermenge.
Sie sollen diese Zusammenhänge mit Beispiel-Zahlen erlernen und wiedergeben.

Aufgaben:

1. Lesen Sie sich die folgende Aufstellung laut vor und merken Sie sich die Zahlenabfolge:

TA 160 ➡ 100 Teile Mehl + 60 Teile Wasser

2. Tragen Sie nun die beiden Angaben für die folgende TA-Formel ein.

TA 165 ➡ ___ Teile Mehl + ___ Teile Wasser

Situationsbeschreibung:
Sie sollen Weizenhefeteig herstellen. Dabei müssen Sie die richtige Teigfestigkeit über das Mehl-Wasser-Verhältnis erzielen. Die Kennzahl dafür ist die Teigausbeute (= TA). Sie sollen mit der TA-Zahl die *Wassermenge je Mehlmenge* berechnen.

3. Sie sollen einen Brötchenteig mit der Teigausbeute 160 herstellen (TA 160).
Wie viel kg Wasser benötigen Sie, wenn Sie 40,000 kg Weizenmehl zum Brötchenteig verarbeiten sollen?
(Für diese Berechnungen gilt: 1 Liter Wasser = 1 kg Wasser).

Beispiel-Berechnung:
- Gegeben ist mit TA 160 = 60 kg Wasser auf 100 kg Mehl
- Gefragt ist = ? kg Wasser auf 40 kg Mehl

100 kg Mehl binden 60 kg Wasser
40 kg Mehl binden ? kg Wasser

Gefragte Größe im Ansatz nach hinten!

$\frac{40 \times 60}{100}$ Rechnen Sie zu Ende:

Antwort: ______________________________

4. Sie sollen einen Brötchenteig mit der Teigausbeute 160 herstellen (TA 160).
Wie viel kg Wasser benötigen Sie, wenn Sie 60,000 kg Weizenmehl zum Brötchenteig verarbeiten?

Ausrechnung:

5. Sie sollen einen Brötchenteig aus 25,000 kg Weizenmehl herstellen.
Die Teigausbeute für den Brötchenteig beträgt 156 (TA 156).
Berechnen Sie, wie viel kg Wasser Sie für den Brötchenteig benötigen.

Ausrechnung:

Aufgabenblatt für die schriftliche Zwischenprüfung

Fachmathematische Übungsaufgaben: Rechnen mit der Teigausbeute

Situationsbeschreibung:
Sie sollen Weizenhefeteig herstellen.
Dabei müssen Sie die richtige Teigfestigkeit über das Mehl-Wasser-Verhältnis erzielen.
Sie sollen mit der TA-Zahl die Mehlmenge je Wassermenge berechnen.

DIGITAL+

Aufgaben:

1. Sie sollen einen Brötchenteig mit der Teigausbeute 160 herstellen (TA 160).
   Wie viel kg Mehl benötigen Sie, wenn Sie 42,000 kg Wasser zum Brötchenteig verarbeiten sollen?
   (Für diese Berechnungen gilt: 1 Liter Wasser = 1 kg Wasser).

Beispiel-Berechnung:
- Gegeben ist mit TA 160 = 100 kg Mehl auf 60 kg Wasser
- Gefragt ist = ? kg Mehl auf 42 kg Wasser

60 kg Wasser binden 100 kg Mehl
42 kg Wasser binden ? kg Mehl — Gefragte Größe im Ansatz nach hinten!

$\frac{42 \times 100}{60}$ Rechnen Sie zu Ende:

Antwort: ______________________________

2. Sie sollen einen Brötchenteig mit der Teigausbeute 160 herstellen (TA 160).
   Wie viel kg Mehl benötigen Sie, wenn Sie 12,000 kg Wasser zum Brötchenteig verarbeiten sollen?

Ausrechnung:

3. Sie sollen mit 28 kg Wasser einen Brötchenteig herstellen.
   Die Teigausbeute für den Brötchenteig beträgt 156 (TA 156).
   Errechnen Sie, wie viel kg Mehl Sie für den Brötchenteig benötigen.

Ausrechnung:

4. Sie sollen mit 72,500 kg Wasser einen Brötchenteig herstellen.
   Die Teigausbeute für den Brötchenteig beträgt 158 (TA 158).
   Errechnen Sie, wie viel kg Mehl Sie für den Brötchenteig benötigen.

Ausrechnung:

Aufgabensammlung für die schriftliche Zwischenprüfung

1. Weizenmahlerzeugnisse und ihre Backeigenschaften kennen

DIGITAL+

Aufgabe 1:

Nennen Sie die Typenzahlen für Weizenmehle.
Ordnen Sie dabei die Typenzahlen vom hellsten zum dunkelsten Weizenmehl.

Aufgabe 2:

Mit der Typenzahl eines Weizenmehls sind einige Informationen für Sie verbunden.
Erklären Sie, was Sie aus der Typenzahl eines Weizenmehls ableiten können.

Aufgabe 3:

Nennen Sie die Anteile der Haupt-Inhaltsstoffe eines hellen Weizenmehls in Prozent.

Aufgabe 4:

Die Backeigenschaften eines Weizenmehls werden im Wesentlichen vom Kleber bestimmt.

a) Welche zwei Eiweißstoffe bilden den Kleber im Weizenteig?

b) Beschreiben Sie kurz, wie sich der Feuchtkleber im Weizenteig ausbildet.

c) Erklären Sie, wie sich der Kleber im Weizenteig auswirkt und wie er sich beim Backvorgang verändert.

Aufgabe 5:

Weizenmehl enthält verschiedene Zuckerstoffe.
Nennen Sie die Auswirkungen dieser Zuckerstoffe auf die Backeigenschaften des Weizenmehls.

a) Welche Wirkungen haben die löslichen Zuckerstoffe des Mehles auf Teig und Gebäck?

b) Welche Wirkungen hat die Stärke des Mehles auf Teig und Gebäck?

c) Welche Wirkungen haben die Ballaststoffe des Mehles auf Teig und Gebäck?

Aufgabensammlung für die schriftliche Zwischenprüfung

2. Zutaten für Weizenhefeteige auswählen und verwenden

DIGITAL+

Aufgabe 1:

Für die Herstellung von Weizenhefeteigen verwenden Sie Zutaten verschiedener Gattungen.

a) Nennen Sie drei Beispiele für naturbelassene Rohstoffe.

b) Nennen Sie drei Beispiele für Rohstoffprodukte.

c) Nennen Sie drei Beispiele für Halbfertigprodukte.

Aufgabe 2:

Welche Wirkungen hat Kochsalz in üblicher Zusatzmenge auf die Eigenschaften des Weizenhefeteigs?

Aufgabe 3:

Welche Wirkungen hat ein überhöhter Zusatz von Kochsalz auf Teig, Gare und Gebäck?

Aufgabe 4:

Sie wollen die Teiggärung und die Bräunung der Weizenhefegebäcke fördern.

a) Wie wirkt sich dafür ein geringer Zusatz von Rübenzucker zum Teig aus?

b) Wie wirkt sich dafür ein Zusatz von enzymhaltigem Malzmehl zum Teig aus?

Aufgabe 5:

Sie verwenden ein Emulgator-Backmittel für den Weizenhefeteig.

a) Wie wirkt sich dieser Zusatz auf die Teigeigenschaften und auf die Gebäckqualität aus?

b) Durch welche Zutaten-Kombination können Sie eine vergleichbare Wirkung wie mit einem emulgatorhaltigen Mischbackmittel erzielen?

Aufgabensammlung für die schriftliche Zwischenprüfung

3. Weizenhefeteig herstellen

Aufgabe 1:

Bei der Rezeptur des Weizenhefeteigs beachten Sie die Teigausbeute (= TA).

a) Was bedeutet die Teigausbeute-Zahl?

b) In welchem Bereich liegen die günstigsten TA-Zahlen der Weizenhefeteige für Brötchen/Semmeln?

c) Welche Auswirkungen hat es, wenn ein Weizenhefeteig für Brötchen/Semmeln zu weich geführt wird?

d) Welche Auswirkungen hat es, wenn ein Weizenhefeteig für Brötchen/Semmeln zu fest geführt wird?

Aufgabe 2:

Ein Brötchenteig hat eine zu hohe Teigtemperatur.
Welche Folgen können sich daraus beim Teig und beim fertigen Gebäck ergeben?

Aufgabe 3:

Welche Vorteile hat es, wenn Sie einen Brötchenteig im Spiralkneter anstelle in einem Langsamkneter herstellen?

Aufgabe 4:

Sie bereiten einen Brötchenteig in zwei unterschiedlichen Knetphasen.

a) Nennen Sie die Knetphasen und die darin ablaufenden Vorgänge.

b) Woran erkennen Sie, dass ein Brötchenteig optimal fertig geknetet ist?

Aufgabe 5:

Weizenhefeteige erhalten eine Teigruhe.

a) Erklären Sie den Fachbegriff „Teigruhe".

b) Erklären Sie die Vorgänge, die im Teig während der Teigruhe ablaufen.

Aufgabensammlung für die schriftliche Zwischenprüfung

4. Weizenhefeteig führen

DIGITAL+

Aufgabe 1:

Sie können einen Weizenhefeteig direkt oder indirekt führen.

a) Erklären Sie stichwortartig die direkte Teigführung.

b) Erklären Sie stichwortartig die indirekte Teigführung.

c) Begründen Sie, warum Sie bei indirekter Teigführung weniger Backhefe zusetzen als bei direkter Teigführung.

Aufgabe 2:

Die Backhefe wirkt bei der Teigführung und beeinflusst die Qualität der Gebäcke.
Erklären Sie, was die Backhefe im Weizenhefeteig bewirkt und was daraus für die Gebäckqualität folgt.

Aufgabe 3:

Sie sollen den Vorgang der biologischen Lockerung durch Backhefe erklären.

a) Beschreiben Sie den Gärvorgang der Backhefe.

b) Unterscheiden Sie die Lebenstätigkeiten der Backhefe:

- optimaler Temperaturbereich für die Vermehrung:
- optimaler Temperaturbereich für den Gärvorgang:

c) Nennen Sie die Gärungsprodukte der Backhefe und ihre Bedeutung für die Gebäckmerkmale.

Aufgabe 4:

Nennen Sie drei Proben, mit denen Sie die Frische der Backhefe (= Presshefe) beurteilen können.

Aufgabe 5:

Sie haben Backhefe tiefgefroren bevorratet. Für die Verarbeitung tauen Sie die Backhefe wieder auf.

a) Welche Folgen hat das Tiefgefrieren der Backhefe für den Gärvorgang in einem direkt geführten Teig?

b) Welche Folgen hat das Tiefgefrieren für die Vermehrung der Backhefe in einem indirekt geführten Teig?

Aufgabensammlung für die schriftliche Zwischenprüfung

5. Gebäcke aus ungesüßten Weizenhefeteigen herstellen

DIGITAL+

Aufgabe 1:

Sie sollen ungesüßte Weizenhefegebäcke und ähnliche Gebäcke beschreiben.

a) Grenzen Sie „Weizenkleingebäcke" und „Weizenbrote" voneinander ab.

- Weizenkleingebäcke:

- Weizenbrote:

b) Nennen Sie drei Beispiele für Kleingebäcke aus besonderen Getreidemahlerzeugnissen.

Aufgabe 2:

Die meisten Bezeichnungen für Brötchen (Semmeln) richten sich nach der Form oder nach besonderen Zutaten.

a) Nennen Sie drei Beispiele für Brötchennamen, die sich aus der Formgebung der Brötchen ableiten.

b) Nennen Sie drei Beispiele für Brötchennamen, die sich aus den Zutaten der Brötchen ableiten.

Aufgabe 3:

Die Verbraucher haben bestimmte Erwartungen an das Weizenbrotsortiment.
Nennen Sie beispielhaft zwei Verbraucher-Erwartungen an Weizenbrote.
Ordnen Sie zu, mit welchen Weizenbrot-Arten Sie die Erwartung der Verbraucher jeweils erfüllen können.

Aufgabe 4:

Sie sollen helle Weizenbrote und Roggenbrote vergleichen.
Nennen Sie vier typische Merkmale heller Weizenbrote, durch die sie sich von Roggenbroten unterscheiden.

Aufgabe 5:

Sie sollen kompakte deutsche Weißbrote und schlanke Stangenweißbrote vergleichen.
Nennen Sie jeweils zwei typische Gebäckmerkmale für kompakte Weißbrote und für schlanke Weißbrote.

- Kompakte Weißbrote (wie deutsche Weißbrote):

- Schlanke Stangenweißbrote (wie Baguettes):

6. Qualität von ungesüßten Weizengebäcken beurteilen

DIGITAL+

Aufgabe 1:

Sie beurteilen die Qualität von Weizenbroten.
Bei freigeschobenem Weizenbrot stellen Sie folgende Mängel fest: zu kleines Volumen, dicht-porige Krume.
Welche Ursachen können diese Mängel haben?

Aufgabe 2:

Bei der Kruste von Weizenbrot stellen Sie folgende Mängel fest: glanzlos-stumpfe Kruste, Krustenrisse.
Welche Ursachen können diese Mängel haben?

Aufgabe 3:

Brötchen sollen im Bezug zu ihrem Gewicht ein angemessen großes Volumen haben.

a) Nennen Sie mögliche Mängel von Brötchen mit einem zu kleinen Volumen.

b) Nennen Sie mögliche Mängel von Brötchen mit einem zu großen Volumen.

Aufgabe 4:

Durch fehlerhafte Gärzeitsteuerung von Brötchenteiglingen können typische Mängel der Brötchen entstehen.
Nennen Sie die Ursachen für die folgenden Mängel.

a) Die Brötchenkruste ist borkig und stellenweise verdickt:

b) Die Brötchenkruste ist faltig und stellenweise eingesunken:

c) Die Brötchenkruste ist im Ausbund zusammengeklebt:

Aufgabe 5:

Es ist erwünscht, dass bei Brötchen und Weißbroten die Kruste möglichst lange rösch bleibt.
Nennen Sie Maßnahmen, mit denen Sie die Rösche der Gebäckkruste lange erhalten können.

- Brötchen:
- Weißbrote:

Aufgabensammlung für die schriftliche Zwischenprüfung

7. Gebäcke aus Hefefeinteigen herstellen

DIGITAL+

Aufgabe 1:

Sie wollen „Milchhörnchen" aus leichtem Hefefeinteig herstellen.

a) Wonach richtet es sich, dass ein Teig als leichter Hefefeinteig gilt?

b) Wie viel Vollmilch müssen Sie verwenden, damit Sie die Gebäcke als Milchhörnchen anbieten können?

Aufgabe 2:

Sie sollen typische Gebäcke nennen, die man aus verschiedenen Hefefeinteigen herstellt.

a) Nennen Sie drei Gebäcke aus mittelschweren Hefefeinteigen.

b) Nennen Sie drei Gebäcke aus schweren Hefefeinteigen.

c) Nennen Sie drei Gebäcke aus eireichen Hefefeinteigen.

Aufgabe 3:

Nennen Sie typische Merkmale, durch die sich Gebäcke aus mittelschweren und schweren Hefefeinteigen auszeichnen.

Aufgabe 4:

Sie sollen Füllungen und Auflagen für Hefekuchen zubereiten.

a) Woraus stellen Sie eine feine Marzipanfüllmasse her?

b) Woraus stellen Sie eine Franchipanmasse her?

c) Nennen Sie vier verschiedene Zubereitungen als Auflagen für Blechkuchen.

Aufgabe 5:

Sie richten Hefefeingebäcke nach dem Backen zum Verkauf her.

a) Welche Qualitäts-Vorteile erzielen Sie, wenn Sie die Gebäcke aprikotieren?

b) Welche Qualitäts-Vorteile erzielen Sie, wenn Sie Fondantglasur anstelle von Puderzuckerglasur verwenden?

Aufgabensammlung für die schriftliche Zwischenprüfung

8. Feine Backwaren aus Mürbeteigen herstellen

DIGITAL+

Aufgabe 1:

Sie sollen Grundrezepte für leichten und schweren ausrollbaren Mürbeteig nennen.

a) Grundrezept für leichten Mürbeteig: ______

b) Grundrezept für schweren Mürbeteig: ______

Aufgabe 2:

Beschreiben Sie kurz, wie Sie einen schweren ausrollbaren Mürbeteig fachgerecht herstellen.

______

Aufgabe 3:

Mürbeteig ist bei seiner Herstellung „brandig" geworden.
Erklären Sie, was das bedeutet. Nennen Sie die Ursachen für diesen Mangel.

- Brandiger Mürbeteig: ______
- Ursachen für brandigen Mürbeteig: ______

Aufgabe 4:

Sie stellen Teegebäck aus Spritzmürbeteig her.

a) Wodurch wird ein Spritzmürbeteig weich und spritzfähig gemacht?

______

b) Welche Arbeitsregeln müssen Sie beim Verarbeiten eines Spritzmürbeteigs beachten?

______

Aufgabe 5:

Aus abgewandelten Mürbeteigen stellt man spezielle Gebäcke her.

a) Nennen Sie die speziellen Zutaten eines Linzer Mürbeteigs.

______

b) Nennen Sie die speziellen Zutaten eines Mürbeteigs für Gewürzspekulatius.

______

Aufgabensammlung für die schriftliche Zwischenprüfung

9. Backwarensnacks herstellen

DIGITAL+

Aufgabe 1:

Backwarensnacks können Sie aus abgewandelten Teiglingen für Kleingebäcke herstellen.
Beschreiben Sie an zwei Beispielen solche gebackenen Backwarensnacks.

- Snack mit eingebackener Zugabe:

- Snack mit überbackener Zubereitung:

Aufgabe 2:

Sie sollen die Zutaten für eine Pizza Salami bereitstellen.
Beschreiben Sie die Zusammensetzung dieser Pizza.

- Grundlage:
- Aufstrich:
- Auflage:

Aufgabe 3:

Sie sollen die Zutaten für eine Quiche Lorraine bereitstellen.
Beschreiben Sie die Zusammensetzung dieser Quiche.

- Grundlage:
- Auflage:
- Guss:

Aufgabe 4:

Sie sollen belegte Brötchen als deftige Snacks herstellen.

a) Nennen Sie Brötchensorten, die als Gebäckgrundlage gut geeignet sind.

b) Nennen Sie Aufstricharten, die Sie verwenden können.

c) Nennen Sie geeignete Beläge mit zugeordneten Belagsergänzungen.

Aufgabe 5:

Sie sollen Sandwiches herstellen.
Beschreiben Sie an einem Beispiel die Zusammensetzung und die Herstellung dieser belegten Snacks.

Beispiele für Einzelfragen in der schriftlichen Zwischenprüfung

DIGITAL+

Situationsbeschreibung:
Sie sollen Weizenhefeteig für 20 Pressen Brötchen je 1 650 g Teigeinlage herstellen.
Beschreiben Sie, wie Sie aus dem Teig drei ortsübliche Brötchensorten herstellen.

Aufgaben:

1. Berechnen Sie die *erforderliche Teigmenge* und die *erforderlichen Zutaten.* *(Mengen berechnen = 20 Punkte)*
(TA = 160, 3,5 % Backhefe + 2,5 % Backmittel + 2,0 % Kochsalz)

2. Führen Sie die *Anforderungen* auf, die Sie an die Rohstoffe stellen. *(Rohstoffe beurteilen = 20 Punkte)*

3. Beschreiben Sie den Arbeitsablauf mit den *geplanten Arbeitsschritten.* *(Arbeitsschritte planen = 10 Punkte)*

4. Erklären und begründen Sie, mit welchen *Maschinen* Sie die Brötchen herstellen. *(Arbeitsmittel festlegen = 10 Punkte)*

5. Beschreiben Sie, welche *Vorschriften zur Unfallverhütung* Sie beachten müssen. *(Arbeitsschutz = 10 Punkte)*

6. Führen Sie *Maßnahmen zur Produktsicherheit* auf, die Sie beachten. *(Qualitätssicherung = 10 Punkte)*

7. Erklären Sie, wodurch die *Frischemerkmale der Brötchen lange erhalten* bleiben. *(Qualitätserhaltung = 10 Punkte)*

8. Nennen Sie *rechtliche Bestimmungen* für Weizenbrötchen. *(Lebensmittelrecht = 10 Punkte)*

Beispiel für eine Projektaufgabe (Blatt 1)

Situationsbeschreibung:
In Ihrem Betrieb soll das Angebot an gebackenen Snacks ausgeweitet werden.
Sie sollen dafür geeignete Produktangebote entwickeln und die Herstellung der Snacks beschreiben.

DIGITAL+

Aufgaben:

1. Beschreiben Sie *vier gebackene Snacks* aus jeweils unterschiedlichen Teigen mit ihren Merkmalen. *(10 Punkte)*

____

____

____

____

2. Sie sollen einen Pizzateig aus 2,500 kg Weizenmehl herstellen und dafür das Arbeitsrezept berechnen. *(10 Punkte)*

Das Grundrezept für Pizzateig lautet:	*Arbeitsrezept:*
1000 g Weizenmehl *(Type: ______)*	______________
500 g Wasser	______________
50 g Olivenöl	______________
40 g Backhefe	______________
18 g Kochsalz	______________
	Gesamtmenge Pizzateig: ______________

a) Tragen Sie im Grundrezept die *Typenzahl* des Weizenmehls ein, das für den Pizzateig am besten geeignet ist.
b) Berechnen Sie die Zutatenmengen für das Arbeitsrezept.
c) Berechnen Sie, wie viel kg Teig Sie mit den Zutatenmengen des Arbeitsrezepts erhalten.

3. Sie sollen eine *Pizza „Salami"* herstellen.
Beschreiben Sie die *Arbeitsschritte*, die Sie dafür ausführen müssen, in der richtigen Abfolge. *(10 Punkte)*

____

____

____

____

____

____

4. Welche *Qualitätsmerkmale* erwarten die Kunden beim Kauf einer Pizza? *(10 Punkte)*

____

____

____

____

____

5. Bei der Herstellung von Backwarensnacks verarbeiten Sie auch leicht verderbliche Zutaten. *(10 Punkte)*
a) Nennen Sie *fünf* Beispiele für *leicht verderbliche Zutaten.*

____

____

b) Welche *Regeln der Lebensmittelhygiene* müssen Sie beim Umgang mit *leicht verderblichen Zutaten* beachten?

____

____

Beispiel für eine Projektaufgabe (Blatt 2)

Aufgaben: (Fortsetzung)

6. Sie sollen gefüllte Schnecken aus einem tourierten Brotteig herstellen. *(10 Punkte)*
   Je kg Grundteig sollen Sie 200 g Ziehmargarine eintourieren.
   a) Berechnen Sie, wie viel kg tourierten Brotteig Sie aus 2,500 kg Grundteig erhalten.

   b) Die Schnecken sollen mit einer deftigen Füllung zubereitet werden.
   Das Grundrezept der Füllung *je 1 kg touriertem Brotteig* lautet:
   500 g Kartoffelpüree
   250 g Lauchschnitten (gedämpft)
   100 g Speck (gewürfelt)
   10 g Würzmischung

   Berechnen Sie die Zutatenmengen für die Füllung, die Sie für den tourierten Brotteig benötigen, den Sie aus den 2,500 kg Brotteig erhalten haben. *(Tragen Sie die Lösungen rechts neben dem Grundrezept ein.)*

7. Im Café Ihres Betriebs soll Königinpastete als kleines Tellergericht angeboten werden. *(10 Punkte)*
   Beschreiben Sie die *Königinpastete* mit ihren *typischen Merkmalen*.

8. Sie sollen „Quiche Lorraine" herstellen. *(10 Punkte)*
   Beschreiben Sie die typische *Zusammensetzung der Quiche Lorraine*.

9. Gebackene Snacks haben ihren höchsten Genusswert, wenn sie noch warm verzehrt werden. *(10 Punkte)*
   Mit welchen Maßnahmen können Sie die *Qualität der gebackenen Snacks* bis zum Verkauf *sichern*?

10. In Ihrem Betrieb sollen *Snacks aus Teiglingen im Laden gebacken* werden. *(10 Punkte)*
    Beschreiben Sie die Maßnahmen, die dafür erforderlich sind.

Information: Situationsaufgaben in Testform für die schriftliche Zwischenprüfung

Beachten Sie zur Bearbeitung und Bewertung dieser Aufgaben die folgenden Hinweise:

1. Die Aufgaben lösen Sie durch Ankreuzen vorgegebener Antworten.
   Die Kreuze für Ihre Lösungen setzen Sie dazu in die Kästchen direkt neben der jeweiligen Aufgabe.

2. Die einem Aufgabenblock vorangestellte **Situationsbeschreibung** stellt den Zusammenhang der beruflichen Handlung für mehrere Aufgaben her.
   Diese Situationsbeschreibung können Sie als Lösungshilfe nutzen.

3. Den einzelnen Aufgaben sind mehrere mögliche Antworten zugeordnet.
   In jeder Aufgabe ist *mindestens eine vorgegebene Antwort* richtig.
   Es gibt aber auch Aufgaben, in denen *zwei oder drei Antworten* zutreffen.
   Über die Anzahl der richtigen Lösungen je Aufgabe erhalten Sie Hinweise, zum Beispiel:
   - durch konkrete Angabe der Zahl richtiger Lösungen (z. B. „Welche zwei ....“),
   - durch Formulierung der Frage in Einzahl oder Mehrzahl (z. B. „Welche Ursache ist ...“),
   - durch Frage nach der logisch eindeutigen Antwort (z. B. „Wie ist die hellste Weizenmehltype ...“).

   Beachten Sie außerdem, dass pro Aufgabe niemals mehr als die Hälfte der Antwortvorgaben richtig sind.

4. Kreuzen Sie in jeder Aufgabe die von Ihnen als richtig erkannten Antworten an,
   zum Beispiel so:
   Sie sollen Weizenmehle nach ihrer Eignung für die Backwarenherstellung unterscheiden.
   Welche Weizenmehltype ist für die Herstellung von Brötchen am besten geeignet?

   A) Type 405
   B) Type 550
   C) Type 812
   D) Type 1050

   Wenn Sie beim Lösen einer Aufgabe ein Kreuz falsch gesetzt haben und dieses verbessern möchten,
   dann können Sie das folgendermaßen korrigieren:
   - Füllen Sie das falsch markierte Feld voll aus (wie oben bei der **Antwort D**).
   - Kreuzen Sie nun die als richtig geltende Antwort neu an (wie oben bei **Antwort B**).

5. Bevor Sie ein Lösungskästchen ankreuzen, sollten Sie genau überlegen, was die Aufgabenstellung fordert.
   Kontrollieren Sie immer nach dem Ankreuzen nochmals Ihre Lösung im Zusammenhang mit der Aufgabenstellung.

6. Für das Erkennen einer richtigen Antwort erhalten Sie *einen Pluspunkt je Lösungskreuz*.
   Für das Ankreuzen falscher Antworten erhalten Sie Minuspunkte.
   Diese Minuspunkte werden *innerhalb einer Aufgabe* mit den erreichten Pluspunkten verrechnet.
   Plus- und Minuspunkte aus den Antwortvorgaben einer Aufgabe heben sich gegenseitig auf.
   Überzählige Minuspunkte in einer Aufgabe werden aber *nicht* mit den Pluspunkten anderer Aufgaben verrechnet.
   Als Mindestergebnis je Aufgabe erhalten Sie also 0 Punkte (kein Minusergebnis).
   Kreuzen Sie daher in jedem Fall in einer Aufgabe mindestens eine vorgegebene Antwort an.

7. Den bearbeiteten Aufgabensatz können Sie einfach mit Hilfe der Lösungen in den Medialinks bewerten.
   Sie gelangen zu den Lösungen für die Testaufgaben durch den Link auf der folgenden Seite.
   Die jeweils richtige Lösung ist mit dem Buchstaben der Antwort-Zeile aufgeführt, zum Beispiel: **B**.

8. Der Aufgabensatz mit Situationsaufgaben in Testform ist so zusammengestellt, dass er 50 richtige Lösungen enthält.
   Durch Ankreuzen aller möglichen richtigen Lösungen können Sie also 50 Punkte erreichen.
   Die erreichte Punktzahl wird für das Prüfungsergebnis auf das 100-Punkte-System bezogen,
   zum Beispiel so:
   - 43 von 50 Punkten erreicht,
   - 43 x 2 = 86 Punkte (bezogen auf 100 Punkte),
   - 86 Punkte = gute Leistung.

Und nun viel Erfolg beim Lösen der Situationsaufgaben in Testform!

Beispiel-Situationsaufgaben in Testform (Blatt 1)

DIGITAL+

Themenfeld: Herstellen von speziellen Weizenbroten

Situationsbeschreibung:
In der Sommerzeit wird das Sortiment um spezielle Weizenbrote erweitert, die sich für Sommerpartys, aber auch zu üblichen Mahlzeiten eignen. Sie sollen solche speziellen Weizenbrote herstellen.

1. Sie wollen für die Gartenparty-Zeit eine „Mediterrane Woche" durchführen.
   Welche *zwei Weizenbrot-Sorten* passen zum Thema „Mediterrane Woche"?
   A) Bauernweißbrot — A
   B) Kaviarbrot — B
   C) Toastbrot — C
   D) Ciabatta — D
   E) Focaccia — E

2. Sie sollen Baguettes herstellen, die sich durch ihre herkömmlich typischen Merkmale auszeichnen.
   Welche *Qualitätsmerkmale* erwarten die Kunden beim Kauf von *Baguettes*?
   A) Bemehlte Kruste — A
   B) Hoher Krustenanteil im Verhältnis zur Krume — B
   C) Viele kleine Krusteneinschnitte mit geringem Ausbund — C
   D) Lockere Krume mit unruhiger Großporung — D
   E) Lange Frischhaltung — E

3. Sie sollen einen Teig für Baguettes aus 40,000 kg Weizenmehl herstellen.
   Davon sollen Sie 20 % in einem Vorteig verarbeiten.
   Wie viel kg Weizenmehl müssen Sie im Vorteig verarbeiten?
   A) 2,000 kg — A
   B) 8,000 kg — B
   C) 10,000 kg — C
   D) 20,000 kg — D

4. Sie sollen den Vorteig mit der Teigtemperatur 24 °C führen.
   Die Teigerwärmung beim Kneten beträgt 6 °C. Die Mehltemperatur beträgt 18 °C.
   Auf welche Temperatur müssen Sie das Zugusswasser für den Vorteig temperieren?
   A) Auf 18 °C — A
   B) Auf 20 °C — B
   C) Auf 22 °C — C
   D) Auf 24 °C — D

5. Um die typischen Merkmale von Baguettes zu erreichen, müssen Sie den Teig entsprechend führen.
   Mit welchen *Führungsmerkmalen* erzielen Sie die für Baguettes erwünschten Merkmale?
   A) Geringer Backhefeanteil zum Teig — A
   B) Zusatz von emulgatorhaltigen Backmitteln zum Teig — B
   C) Zusatz von Rübenzucker zum Teig — C
   D) Einstreu mit grobem Backschrot auf der Teigoberfläche — D
   E) Kühle und weiche Teigführung — E
   F) Einhalten einer langen Teigruhezeit — F

Beispiel-Situationsaufgaben in Testform (Blatt 2)

Themenfeld: Herstellen von speziellen Weizenbroten

6. **Sie sollen Teiglinge für Baguettes mit 400 g Fertiggewicht auf Muldenblechen im Stikkenofen abbacken. Welche Backbedingungen wenden Sie dafür fachgerecht an?**

A) Backofentemperatur: 180 °C, Backzeit: etwa 12 Minuten [A]

B) Backofentemperatur: 190 °C, Backzeit: etwa 15 Minuten [B]

C) Backofentemperatur: 200 °C, Backzeit: etwa 20 Minuten [C]

D) Backofentemperatur: 220 °C, Backzeit: etwa 25 Minuten [D]

7. **Bei der Qualitätsbeurteilung von Baguettes stellen Sie folgende Mängel fest: Die Form ist zu rund, die Kruste ist unregelmäßig aufgerissen, die Porung ist zu dicht. Welche *zwei* Ursachen kommen für diese Qualitätsmängel in Frage?**

A) Die Backhefemenge im Teig war zu hoch. [A]

B) Der Teig ist zu jung (unreif) aufgearbeitet worden. [B]

C) Die Teiglinge sind mit zu knapper Gare abgebacken worden. [C]

D) Die Backofentemperatur war zu niedrig. [D]

E) Die Backzeit war zu kurz. [E]

8. **Sie sollen Toastbrot herstellen. Dabei sollen Sie die Erwartungen der Kunden erfüllen, die diese an Toastbrot stellen. Welche *Qualitätsmerkmale* erwarten die Kunden allgemein beim Kauf von Toastbrot?**

A) Kräftig ausgebildete Gebäckkruste [A]

B) Gleichmäßige, quadratische Schnittenform [B]

C) Feine, zarte Krume [C]

D) Rustikale Porung der Krume [D]

E) Gute Toasteigenschaften mit gleichmäßiger Bräunung [E]

F) Hoher Ernährungswert mit viel biologischen Vitalstoffen [F]

9. **Sie sollen den Teig für Toastbrot herstellen und aufarbeiten. Dabei sollen Sie die speziellen Qualitätsmerkmale für Toastbrot erzielen. Mit welchen *Maßnahmen* erzielen Sie die *Qualitätsmerkmale* von Toastbrot?**

A) Zusatz von Vollmilchpulver zum Teig [A]

B) Einsatz von Weizenstärke anstelle von Weizenmehl [B]

C) Zusatz von etwas Zucker oder Backmalz zum Teig [C]

D) Intensive Knetung des Toastbrotteigs [D]

E) Aufarbeiten des Toastbrotteigs direkt nach der Knetung ohne Teigruhe [E]

F) Langwirken der Teiglinge ohne vorheriges Rundwirken [F]

10. **Sie sollen den Teig für „Buttertoastbrot" herstellen. Dafür müssen Sie die entsprechenden lebensmittelrechtlichen Bestimmungen beachten. Welche der folgenden Bedingungen müssen Sie erfüllen, wenn Sie die Brote mit der Verkehrsbezeichnung „Buttertoastbrot" anbieten wollen?**

A) Zum Teig darf ich nur helles Weizenmehl der Type 550 verwenden. [A]

B) Zum Teig muss ich mindestens 5 % der Mehlmenge an Butterfett verwenden. [B]

C) Anstelle von Butter darf ich kein Butterreinfett verwenden. [C]

D) Neben der Mindestzusatzmenge an Butterfett darf ich fetthaltige Backmittel verwenden. [D]

Beispiel-Situationsaufgaben in Testform (Blatt 3)

Themenfeld: Herstellen von leichten Hefefeingebäcken

Situationsbeschreibung:
Im täglichen Frische-Sortiment Ihres Betriebs werden leichte Hefefeingebäcke angeboten.
Sie sollen dafür Gebäcke aus leichtem Hefefeinteig herstellen.

11. **Sie sollen einem Kunden solche Gebäcke nennen, die zu den leichten Hefefeingebäcken zählen. Welche der folgenden Gebäcke sind *leichte Hefefeingebäcke*?**
    - A) Streuselkuchen — A
    - B) Berliner Pfannkuchen — B
    - C) Stollen — C
    - D) Kuchenbrötchen — D
    - E) Einback — E

12. **Sie sollen einen leichten Hefefeinteig herstellen. Welche Zutatenmengen sind *für leichten Hefefeinteig* auf 1 000 g Weizenmehl fachgerecht?**
    - A) 650 g Wasser — A
    - B) 250 g Zucker — B
    - C) 100 g Backmargarine — C
    - D) 60 g Backhefe — D
    - E) 50 g Kochsalz — E

13. **Sie sollen Vollmilch für einen leichten Hefefeinteig verwenden. Welche Wirkungen erzielen Sie, wenn Sie *Vollmilch anstelle von Wasser* als Zuguss verwenden?**
    - A) Der Teig gärt wesentlich schneller. — A
    - B) Der Teig wird wolliger und trockener bei der Teigreifung. — B
    - C) Die Gebäcke haben ein kleineres Volumen. — C
    - D) Die Gebäcke haben eine bessere Krustenbräunung. — D
    - E) Die Gebäcke altern schneller als sonst. — E

14. **Sie stellen einen leichten Hefefeinteig her und setzen Fett in der dafür üblichen Menge zu. Welche Wirkungen hat *dieser Fettanteil* auf die Teigeigenschaften und auf die Gebäckqualität?**
    - A) Die Gärung der Backhefe wird dadurch verzögert. — A
    - B) Der Teig wird geschmeidiger und etwas kürzer. — B
    - C) Der Teig reift schneller als sonst. — C
    - D) Die Gebäcke haben eine stärkere Krustenbräunung als sonst. — D
    - E) Die Gebäcke haben eine feinere Krumenporung als sonst. — E

15. **Sie sollen *gefüllte Schnecken* aus leichtem Hefefeinteig herstellen. Welche Arbeitsschritte müssen Sie für das *fachgerechte Aufarbeiten der Schnecken* ausführen?**
    - A) Die Teiglinge für die Schnecken werden aus einer Presse mit 30 Stück abgeteilt und rundgewirkt. — A
    - B) Aus einer etwa 1 cm dicken Teigplatte werden Dreiecke geschnitten und zu Hörnchen gewickelt. — B
    - C) Auf die ausgerollte Teigplatte wird eine Füllung dünn aufgestrichen. — C
    - D) Die gefüllte Teigrolle wird in gleichmäßig große, etwa fingerdicke Scheiben aufgeschnitten. — D
    - E) Die geformten Schneckenteiglinge werden ohne Gare sofort nach dem Formen abgebacken. — E

Beispiel-Situationsaufgaben in Testform (Blatt 4)

Themenfeld: Herstellen von Kuchen aus mittelschwerem Hefefeinteig

Situationsbeschreibung:
Für das Angebot an aufgeschnittenen Blechkuchen verwenden Sie mittelschweren Hefefeinteig.
Sie sollen mittelschweren Hefefeinteig herstellen und zu verschiedenen Blechkuchen verarbeiten.

16. **Sie sollen mittelschweren Hefefeinteig herstellen.**
Welche Zutatenmengen sind für *mittelschweren Hefefeinteig* auf 1 000 g Weizenmehl fachgerecht?

A) 700 g Vollmilch — A
B) 200 g Backmargarine — B
C) 200 g Backhefe — C
D) 150 g Zucker — D
E) 50 g Kochsalz — E

17. **Vor dem Aufarbeiten geben Sie dem mittelschweren Hefefeinteig eine Teigruhe.**
Welche Aussagen über die *Teigruhe bei mittelschweren Hefefeinteigen* sind richtig?

A) Die Teigruhe ist notwendig zum Verkleistern der Stärke im Hefefeinteig. — A
B) Die Teigruhe dient dazu, dass der Hefefeinteig seine optimale Reife zum Aufarbeiten erhält. — B
C) Die Teigruhe kann wegen des hohen Zucker- und Fettanteils im Teig verkürzt werden. — C
D) Die Teigruhe ermöglicht es, dass die aufgearbeiteten Teige ohne weitere Gare gebacken werden können. — D
E) Die Teigruhe führt zur guten Verquellung der Mehlbestandteile und macht den Teig somit stabiler. — E

18. **Sie sollen „Butterstreuselkuchen" aus mittelschwerem Hefefeinteig herstellen.**
Welche lebensmittelrechtlichen Bestimmungen müssen Sie erfüllen,
wenn Sie die Kuchen mit der Verkehrsbezeichnung „Butterstreuselkuchen" anbieten wollen?

A) Der Hefefeinteig muss mindestens 50 % Butter enthalten (bezogen auf Getreidemahlerzeugnisse). — A
B) Im Hefefeinteig und in der Streuselauflage darf als zugesetztes Fett nur Butter enthalten sein. — B
C) Anstelle von Butter darf man auch die entsprechende Menge an Butterreinfett zusetzen. — C
D) Zu der Streuselauflage darf man Pflanzenfett verwenden, wenn im Hefefeinteig genug Butter ist. — D

19. **Sie arbeiten mittelschweren Hefefeinteig zu Streuselkuchen auf.**
Der Streuselkuchen soll einschließlich der Streuselauflage eine angemessene Stärke haben.
Wie viel Teig und wie viel Streuselauflage benötigen Sie für ein 58 x 78 cm großes Backblech?

A) Etwa 1,200 kg Hefefeinteig — A
B) Etwa 2,400 kg Hefefeinteig — B
C) Etwa 4,000 kg Hefefeinteig — C
D) Etwa 1,000 kg Streuselauflage — D
E) Etwa 2,000 kg Streuselauflage — E
F) Etwa 4,000 kg Streuselauflage — F

20. **Sie sollen „Butterkuchen" aus mittelschwerem Hefefeinteig herstellen.**
Welche Merkmale erwartet man bei „Butterkuchen" im Allgemeinen?

A) Der Boden aus Hefefeinteig enthält keinen Zucker. — A
B) Die Auflage besteht aus Butterstückchen, Mandeln und Zuckeraufstreu. — B
C) Der Kuchen wird üblicherweise mit einer Decke aus Mürbeteig abgedeckt. — C
D) Das Qualitätsmerkmal sind karamell-gebräunte Butterlöcher auf der Kuchenoberfläche. — D
E) Der Kuchen wird nach dem Backen mit Fondant glasiert. — E

Beispiel-Situationsaufgaben in Testform (Blatt 5)

Themenfeld: Herstellen von Kuchen aus mittelschwerem Hefefeinteig

21. **Sie sollen verschiedene Obstkuchen aus mittelschwerem Hefefeinteig herstellen.
Welche der folgenden Obstsorten sind für gebackene Obstkuchen geeignet, weil sie *backfest* sind?**

A) Äpfel [A]
B) Himbeeren [B]
C) Erdbeeren [C]
D) Sauerkirschen [D]
E) Mandarinen [E]
F) Zwetschen [F]

22. **Sie stellen Bienenstichkuchen her.
Welche Merkmale gelten üblicherweise für *Bienenstichkuchen*?**

A) Als Boden verwendet man einen schweren Hefefeinteig. [A]
B) Die Bienenstichmasse wird aus einer Zuckerröstmasse und zerkleinerten Ölsamen bereitet. [B]
C) Der Aufstrich aus Bienenstichmasse bräunt beim Backen durch Karamellisieren des Zuckers. [C]
D) Der gebackene Bienenstichkuchen wird auf der Oberfläche mit Kuvertüre eingestrichen. [D]

23. **Sie sollen Mandel-Bienenstichkuchen herstellen.
Dafür müssen Sie lebensmittelrechtliche Bestimmungen beachten.
Welche Anforderung ist für *Mandel-Bienenstichkuchen* zu erfüllen?**

A) Die Bienenstichmasse darf nur zerkleinerte Mandeln als Ölsamen enthalten. [A]
B) Die Bienenstichmasse muss mit Mandelessenz aromatisiert werden. [B]
C) Die Menge an Bienenstichmasse muss so schwer sein wie der Hefeteigboden. [C]
D) Die Menge an Ölsamen in der Bienenstichmasse muss mindestens 50 % der Masse ausmachen. [D]

24. **Sie sollen zum Füllen von Bienenstichkuchen eine leichte Vanillekrem herstellen, und zwar auf herkömmliche Art (also *ohne* Fertigmischung).
Welche Arbeitsregeln müssen Sie zur Herstellung von *leichter Vanillekrem* beachten?**

A) Ich verwende auf einen Liter Vollmilch 200 g Zucker und 90 g Krempulver. [A]
B) Ich koche Milch mit Zucker auf und binde die Krem mit angerührtem Krempulver. [B]
C) Ich arbeite 500 g aufgeschlagene Butter je Liter Vanillekrem ein. [C]
D) Ich binde die zubereitete Vanillekrem mit flüssig gemachter Blattgelatine. [D]

25. **Für einige Blechkuchen verwendet man eine gebundene, kremartige Auflage.
Für welche der folgenden Blechkuchen ist eine *gebundene Masse als Auflage* typisch?**

A) Für Zuckerkuchen [A]
B) Für Butterkuchen [B]
C) Für Streuselkuchen [C]
D) Für Mohnkuchen [D]
E) Für Käsekuchen [E]

Erreichte	Punktzahl:	
Erreichbare	Punktzahl:	50

Information: Bewertung der Leistungen in der Zwischenprüfung

Bewertung der Prüfungsleistungen in der praktischen Zwischenprüfung

- Jede Prüfungsarbeit wird von jedem Mitglied des Prüfungsausschusses selbstständig beurteilt.
  (→ im Kapitel „Informationen", Anwendung von § 25 der Kammer-Prüfungsordnung)
  Ausnahme: Die/der Vorsitzende des Prüfungsausschusses hat Gutachter zur Bewertung der Leistungen bestellt.
- Jeder Beurteiler hält seine Bewertungen der Prüfungsleistungen schriftlich auf einem Bewertungsbogen fest.
  (→ Muster eines *Bewertungsbogens* auf den folgenden Seiten in diesem Kapitel)
- Jede Prüfungsarbeit wird mit Hilfe des 100-Punkte-Schlüssels bewertet.
  (→ m Kapitel „Informationen", Anwendung von § 24 der Kammer-Prüfungsordnung)
- Bei den einzelnen Prüfungsarbeiten werden *nicht* nur die Produkte bewertet.
  Vielmehr werden im Sinne der vollständigen Handlung beurteilt: **Planung, Durchführung, Qualitätskontrolle**.
  (→ Beispiel im *Bewertungsbogen* auf der Seite 55 in diesem Kapitel)

  Dabei ist es üblich, diese drei Aspekte entsprechend ihrer Bedeutung für die Prüfungsaufgabe zu gewichten.

  Eine solche Gewichtung kann erfolgen
  - durch Splittung der 100 Punkte (z. B. 10 Punkte für **Planung**, 70 Punkte für **Durchführung**, 20 Punkte für **Kontrolle**),
  - durch Multiplikations-Faktoren (z. B. **Planung** x 2, **Durchführung** x 6, **Kontrolle** x 2) und Teilen der so ermittelten Gesamtpunktzahl durch die Summe der Faktoren.
    (→ Ein Beispiel für die zweite Möglichkeit ist im *Bewertungsbogen* auf der Seite 55 in diesem Kapitel zu sehen.)

    Der Prüfungsausschuss beschließt, in welcher Weise der 100-Punkte-Schlüssel bei der Bewertung der Prüfungsarbeiten angewendet wird.
- Bei den einzelnen Prüfungsarbeiten werden *nicht nur die fertigen Produkte* bewertet.
  Vielmehr werden laut Ausbildungsverordnung berücksichtigt: *Zeiteinteilung, Umsicht, Hygiene, Arbeitsweise, Umweltschutz, Wirtschaftlichkeit, Arbeitssicherheit, Gesundheitsschutz, Kundenorientierung sowie Anwendung von Informations- und Kommunikationstechniken.*
  (→ im Kapitel „Informationen", laut § 9 der Bäcker-Ausbildungsverordnung)

Bewertung der Prüfungsleistungen in der schriftlichen Zwischenprüfung

- Jede Prüfungsarbeit wird von jedem Mitglied des Prüfungsausschusses selbstständig beurteilt.
  (→ im Kapitel „Informationen", Anwendung von § 25 der Kammer-Prüfungsordnung)
  Ausnahme: Die/der Vorsitzende des Prüfungsausschusses hat Gutachter zur Bewertung der Leistungen bestellt.
- Jeder Beurteiler hält seine Bewertungen der Prüfungsleistungen schriftlich auf einem Bewertungsbogen fest.
  (→ Unterer Teil im Muster eines *Bewertungsbogens* auf der folgenden Seite in diesem Kapitel)
- Jede Prüfungsarbeit wird mit Hilfe des 100-Punkte-Schlüssels bewertet.
  (→ im Kapitel „Informationen", Anwendung von § 24 der Kammer-Prüfungsordnung)
  Der Prüfungsausschuss beschließt, in welcher Weise der 100-Punkte-Schlüssel bei der Bewertung der schriftlichen Prüfungsarbeiten angewendet wird (z. B. wie die Punkte den einzelnen Aufgabenstellungen zugeordnet werden).

Feststellen des Prüfungsergebnisses in der Zwischenprüfung

- Über das Ergebnis der Zwischenprüfung beschließt der gesamte Prüfungsausschuss.
- Für die Feststellung des Gesamtergebnisses werden die Bewertungen der einzelnen Mitglieder des Prüfungsausschusses für jeden Prüfling gesondert auf einem Niederschriftsbogen niedergeschrieben, und daraus wird das Ergebnis der Zwischenprüfung ermittelt.
  (→ Muster eines ausgefüllten *Niederschriftsbogens* auf der Seite 56)
- Die drei praktischen Prüfungsarbeiten werden gleich gewichtet. Die Gesamtpunktzahl für die praktischen Prüfungsarbeiten wird daher durch 3 geteilt.
  Das Ergebnis der schriftlichen Zwischenprüfung wird aus den Bewertungen der schriftlichen Aufgabenlösungen ermittelt.
  Beim Teilen der Punktzahlen werden Dezimal-Ergebnisse *nicht gerundet.*
- Über die absolvierte Zwischenprüfung wird eine Bescheinigung ausgehändigt, die von der Vorsitzenden/dem Vorsitzenden des Prüfungsausschusses unterschrieben ist.
  Diese Bescheinigung muss mit dem Antrag auf Zulassung zur Gesellenprüfung vorgelegt werden.

Bewertungsbogen

- Zwischenprüfung Bäckerin/Bäcker -

Prüferin/Prüfer : ______	Die Arbeitsaufgaben (Teil A) und Prüfungsarbeiten (Teil B) sind unter Anwendung des folgenden 100 Punkte-Schlüssels zu bewerten:
Kennbuchstabe der Prüferin/ des Prüfers im Niederschriftsbogen: ______	1 = sehr gut = 100 - 92 Punkte 2 = gut = 91 - 81 Punkte 3 = befriedigend = 80 - 67 Punkte 4 = ausreichend = 66 - 50 Punkte 5 = mangelhaft = 49 - 30 Punkte 6 = ungenügend = 29 - 0 Punkte
Prüfungsdaten: ______	

Zwischenprüfung praktisch (Fertigkeitsprüfung)

Arbeitsaufgaben	Gewichtung*)	Teilaufgabe	Prüfling Nr.		Prüfling Nr.		Prüfling Nr.		Prüfling Nr.		Prüfling Nr.	
				Durch-schnitt		Durch-schnitt		Durch-schnitt		Durch-schnitt		Durch-schnitt
Aufgabe 1: **Weizenbrote**		Planung										
		Ausführung										
		Qualitätskontrolle**)										
Aufgabe 2: **Weizen-kleingebäck**		Planung										
		Ausführung										
		Qualitätskontrolle**)										
Aufgabe 3: **Feine Backwaren oder Backwaren-snacks*****)		Planung										
		Ausführung										
		Qualitätskontrolle**)										

*) Gewichtung je nach Umfang der Teilaufgaben veränderbar, insgesamt aber 10 Punkte; Vorschlag: Planung 2 - Durchführung 6 - Qualitätskontrolle 2

**) Die Qualitätskontrolle kann z.B. in einem Fachgespräch erfolgen

***) nicht Zutreffendes streichen

Zwischenprüfung theoretisch (Kenntnisprüfung)

Prüfungsarbeiten	Prüfling Nr.	Prüfling Nr.	Prüfling Nr.	Prüfling Nr.	Prüfling Nr.
Zwischenprüfung (**schriftlich**)					

Datum: ______

______
(Unterschrift der Prüferin/des Prüfers)

Die Vordruckmuster für Prüfungsbewertungen wurden mit freundlicher Genehmigung zum Abdrucken zur Verfügung gestellt von:
Akademie Deutsches Bäckerhandwerk
Zentrale Aufgabenkommission für Prüfungsaufgaben im Bäckerhandwerk
Altkönigstraße 1
61462 Königstein
Tel. 06174 - 998863, www.bivhessen.de

Bewertungsbogen

- Zwischenprüfung Bäckerin/Bäcker -

Prüferin/Prüfer :	*Abel*	Die Arbeitsaufgaben (Teil A) und Prüfungsarbeiten (Teil B) sind unter Anwendung des folgenden 100 Punkte-Schlüssels zu bewerten:
Kennbuchstabe der Prüferin/ des Prüfers im Niederschriftsbogen:	A	1 = sehr gut = 100 - 92 Punkte; 2 = gut = 91 - 81 Punkte; 3 = befriedigend = 80 - 67 Punkte; 4 = ausreichend = 66 - 50 Punkte; 5 = mangelhaft = 49 - 30 Punkte; 6 = ungenügend = 29 - 0 Punkte
Prüfungsdaten:	*24.01.20...* *31.01.20...*	

Zwischenprüfung praktisch (Fertigkeitsprüfung)

Arbeitsaufgaben	Gewichtung*)	Teilaufgabe	Prüfling Nr. *1*	Durchschnitt	Prüfling Nr. *2*	Durchschnitt	Prüfling Nr. *3*	Durchschnitt	Prüfling Nr.	Durchschnitt	Prüfling Nr.	Durchschnitt
Aufgabe 1: **Weizenbrote**	*2*	Planung	*80*	****)	*60*		*40*					
	6	Ausführung	*70*	*76*	*75*	*73*	*50*	*49*				
	2	Qualitätskontrolle**)	*90*		*80*		*55*					
Aufgabe 2: **Weizen-kleingebäck**	*2*	Planung	*70*		*75*		*50*					
	6	Ausführung	*80*	*76*	*90*	*86*	*45*	*48*				
	2	Qualitätskontrolle**)	*70*		*85*		*55*					
Aufgabe 3: **Feine Backwaren oder Backwaren-snacks*****)	*2*	Planung	*75*		*65*		*35*					
	6	Ausführung	*85*	*82*	*75*	*70*	*65*	*55*				
	2	Qualitätskontrolle**)	*80*		*60*		*45*					

*) Gewichtung je nach Umfang der Teilaufgaben veränderbar, insgesamt aber 10 Punkte; Vorschlag: Planung 2 - Durchführung 6 - Qualitätskontrolle 2

**) Die Qualitätskontrolle kann z.B. in einem Fachgespräch erfolgen

***) nicht Zutreffendes streichen

Zwischenprüfung theoretisch (Kenntnisprüfung)

Prüfungsarbeiten	Prüfling Nr. *1*	Prüfling Nr. *2*	Prüfling Nr. *3*	Prüfling Nr.	Prüfling Nr.
Zwischenprüfung (**schriftlich**)	*70*	*85*	*55*		

Datum: ____________

____
(Unterschrift der Prüferin/des Prüfers)

****)

Teilaufgabe x *Faktor* = *Punkte Teilaufgabe*

80	x	*2*	=	*160*
70	x	*6*	=	*420*
90	x	*2*	=	*180*

Summe Punkte = *760* : *10* = *76*

(Summe Faktoren=10)

Niederschriftsbogen

- Zwischenprüfung Bäckerin/Bäcker -

Name des Prüflings: *Daniel Mustermann* Prüfungsdaten: *24.01.20...*

Prüfungsnummer: *1* *31.01.20...*

Zwischenprüfung paktisch (Fertigkeitsprüfung)

Arbeitsaufgaben	Punkte der einzelnen Prüferinnen/Prüfer A	B	C	D	E	F	Gesamtpunktzahl (Spalten 2-7)	Zahl der Prüferinnen/Prüfer	Punkte (im Durchschnitt)*)
1	2	3	4	5	6	7	8	9	10
Aufgabe 1: **Weizenbrote**	76	80	78				234	3	78
Aufgabe 2: **Weizenkleingebäck**	76	75	75				226	3	75
Aufgabe 3: **Feine Backwaren oder Backwarensnacks** *)	82	80	78				240	3	80
*) nicht Zutreffendes streichen							**Summe praktisch**		233

Unterschrift der/des Vorsitzenden des Prüfungsausschusses

Zwischenprüfung theoretisch (Kenntnisprüfung)

Prüfungsarbeiten	Punkte der einzelnen Prüferinnen/Prüfer A	B	C	D	E	F	Gesamtpunktzahl (Spalten 2-7)	Zahl der Prüferinnen/Prüfer	Punkte (im Durchschnitt)*)
1	2	3	4	5	6	7	8	9	10
Zwischenprüfung (**schriftlich**)	70	72	71				213	3	71
							Summe theoretisch		71

Prüfungsergebnis

Ergebnis Praktisch	Spalte 10: 233	:	Faktor: 3	=	Punkte Praxis: 78		▶	Ergebnis Praxis**): *bestanden*
Ergebnis Theoretisch	Spalte 10: 71	:	Faktor: 1	=	Punkte Theorie: 71		▶	Ergebnis Theorie**): *bestanden*
Gesamtergebnis***)	Punkte Praxis: 78	+	Punkte Theorie: 71	=	Summe P+T: 179	:2	Punkte: 75,5 ▶	Gesamtergebnis: *bestanden*

Notenschlüssel

1 = sehr gut = 100 - 92 Punkte	3 = befriedigend = 80 - 67 Punkte	5 = mangelhaft = 49 - 30 Punkte
2 = gut = 91 - 81 Punkte	4 = ausreichend = 66 - 50 Punkte	6 = ungenügend = 29 - 0 Punkte

****) Unabhängig vom obigen Notenschlüssel gibt es bei der Zwischenprüfung nur zwei Ergebnisse: "*bestanden*" und "*mangelhaft*"**

*****) falls erforderlich; ist ein Prüfungsteil (Praxis oder Theorie) mangelhaft, so gilt die gesamte Prüfung als mangelhaft**

Unterschrift der Arbeitgebervertreterin/des Arbeitgebervertreters

Unterschrift der Arbeitnehmervertreterin/des Arbeitnehmervertreters

Unterschrift der Lehrkraft

*)

Gesamtpunktzahl : Zahl der Prüferinnen/Prüfer = Punkte im Durchschnitt

234	:	3	=	78
226	:	3	=	75,33.... ~ 75
240	:	3	=	80

Alles wissen über die Gesellenprüfung für Bäcker und Bäckerinnen

Regelungen zur Gesellenprüfung

INFORMATIONEN AUF EINEN BLICK

Was sollte ich über die Gesellenprüfung wissen?

„Nur was wir nicht kennen, macht uns Angst."
Dieser Satz begleitet Sie auf den nächsten Seiten, damit Sie mögliche Ängste vor der Gesellenprüfung abbauen können.
Hier beginnen Sie damit: Sie informieren sich in Kurzform darüber, was für die Gesellenprüfung zum Bäcker/zur Bäckerin geregelt ist.

Regelungen in der Ausbildungsverordnung

- Die Gesellenprüfung gliedert sich in **Teil A** (praktische Gesellenprüfung) und den **Teil B** (theoretische Gesellenprüfung).
- Die Gesellenprüfung erstreckt sich auf alle Fertigkeiten und Kenntnisse, die laut Ausbildungsverordnung zu vermitteln sind, sowie auf den Lehrstoff der Berufsschule, soweit er für die Berufsausbildung wesentlich ist.

Die Gliederungen für die Teile der Gesellenprüfung finden Sie auf den Seiten 62 und 87.

Anforderungen in der praktischen Gesellenprüfung

Im **Teil A** der Gesellenprüfung sind
- in insgesamt *höchstens acht Stunden*
- *vier Arbeitsproben* durchzuführen und
- hierüber ein *Fachgespräch von insgesamt 15 Minuten* zu führen.

Prüfungsaufgaben in Teil A:

1. Herstellen von Sauerteigbrot
2. Herstellen von Kleingebäck unterschiedlicher Teige und Formen
3. Herstellen von Backwarensnacks, Partykleingebäck *oder* kleinen Gerichten
4. Herstellen von Feinen Backwaren aus Teigen *oder* Massen
5. Herstellen einer Torte

Die Aufgaben **1 bis 3** sind **Pflichtaufgaben**.
Zusätzlich gibt es eine **4. Prüfungs-Wahlaufgabe** aus dem Bereich **4 oder 5**.

Ein Beispiel für die Aufgabenstellung in Teil A (der praktischen Gesellenprüfung) finden Sie auf der Seite 68.

Anforderungen in der theoretischen Gesellenprüfung

Im **Teil B** der Gesellenprüfung sind
- in insgesamt *höchstens 360 Minuten*
- Aufgaben in drei Prüfungsbereichen *schriftlich zu bearbeiten.*

Prüfungsbereiche in Teil B:

1. Warenwirtschaft und Produktionstechnik von Backwaren und kleinen Gerichten
2. Betriebswirtschaftliches Handeln
3. Wirtschafts- und Sozialkunde

Weitere Informationen über die Aufgabenstellung in Teil B (der theoretischen Gesellenprüfung) finden Sie auf den Seiten 87 und 88.

Eine **mündliche Prüfung** kann durchgeführt werden,
- wenn die schriftliche Prüfung nicht bestanden worden ist *und*
- wenn die Gesellenprüfung durch das Ergebnis der mündlichen Ergänzungsprüfung bestanden werden kann.

Checkliste für die Anmeldung / den Antrag zur vorzeitigen Zulassung zur Gesellenprüfung

☐ Ich habe die Informationen über die vorzeitige Zulassung zur Gesellenprüfung gelesen.
Für meinen Fall muss ich spezielle Regelungen beachten. Wenn ja, bitte hier kurz eintragen:

☐ Bei Fragen zur Anmeldung / zum Antrag wende ich mich an:

☐ Für die Vorlage meiner Anmeldung bei der Handwerkskammer gilt folgender Schluss-Termin:

☐ Um den Schluss-Termin einzuhalten, stelle ich die Unterlagen meiner Anmeldung zusammen bis zum:

☐ Als Unterlagen benötige ich für meine Anmeldung (Zutreffendes bitte ankreuzen, ggfs. Bemerkung):

- ◯ Anmeldeformblatt der Handwerkskammer
- ◯ Kopie des letzten Berufsschulzeugnisses
- ◯ Bescheinigung über die Zwischenprüfung
- ◯ Bescheinigung über Fachkurs / ÜbA-Lehrgang
- ◯ Ausbildungsnachweise / Berichtshefte

☐ Für den Antrag auf vorzeitige Zulassung benötige ich (Zutreffendes bitte ankreuzen, ggfs. Bemerkung):

- ◯ Speziellen Vordruck der Handwerkskammer
- ◯ Kopie des letzten Berufsschulzeugnisses
- ◯ Bescheinigung über die Zwischenprüfung
- ◯ Bescheinigung über Fachkurs / ÜbA-Lehrgang
- ◯ Ausbildungsnachweise / Berichtshefte
- ◯ Stellungnahme des Ausbildenden
- ◯ Stellungnahme der Berufsschule

☐ Um den Antrag rechtzeitig abgeben zu können, lege ich ihn meinem Ausbildenden vor bis zum:

☐ An diesem Termin lege ich meinem Ausbildenden die letzten Ausbildungsnachweise zur Unterschrift vor:

☐ Den kompletten Antrag lege ich meiner Berufsschullehrerin / meinem Berufsschullehrer vor am:

☐ Sonstiges:

Information: Antrag zur Verlängerung oder Verkürzung der Ausbildungszeit

1. Verlängerung der Ausbildungszeit

Unter welchen Voraussetzungen kann ich die Verlängerung der Ausbildungszeit beantragen?

- Sie können eine *Verlängerung Ihrer Ausbildungszeit* beantragen, bevor der Zeitpunkt der Gesellenprüfung erreicht ist,
  - wenn beispielsweise längere Ausfallzeiten wegen Krankheit eingetreten sind *oder*
  - wenn beispielsweise schwere Mängel in der Ausbildung vorliegen.

  Sie beantragen die *Dauer der Verlängerung* in Abstimmung mit Ihrem Ausbildenden und den Lehrkräften der Berufsschule.
- Sie können eine *Verlängerung Ihrer Ausbildungszeit* beantragen, wenn Sie die Gesellenprüfung nicht bestanden haben und eine Wiederholungsprüfung ablegen möchten. Auf Ihr Verlangen hin wird die Ausbildungszeit bis zur nächstmöglichen Wiederholungsprüfung verlängert, höchstens um ein Jahr.

  → Beachten Sie die Tipps für die Situation nach einer nicht bestandenen Gesellenprüfung auf der Seite 149.
- Sie beantragen die *Verlängerung Ihrer Ausbildungszeit* mit dem dafür vorgesehenen Formblatt der Handwerkskammer. Sie fügen die Stellungnahmen der Beteiligten bei und reichen den Antrag in vierfacher Ausfertigung bei der zuständigen Innung oder Kreishandwerkerschaft ein.

2. Verkürzung der Ausbildungszeit

Unter welchen Voraussetzungen kann ich die Verkürzung der Ausbildungszeit beantragen?

- Sie können eine *Verkürzung Ihrer Ausbildungszeit* beantragen,
  - wenn Gründe für eine Verkürzung der Ausbildungsdauer vorliegen und diese nicht berücksichtigt wurden beim Abschluss des Berufsausbildungsvertrags (z. B. vorherige Berufsausbildung, Lebensalter über 21 Jahre, freiwillige Anrechnung einer absolvierten schulischen Berufsgrundbildung) *oder/und*
  - wenn aufgrund guter oder besserer Leistungen in der betrieblichen und schulischen Ausbildung die Ziele der Berufsausbildung vorzeitig erreicht werden können.

  Sie beantragen die *Dauer der Verkürzung* in Abstimmung mit Ihrem Ausbildenden und den Lehrkräften der Berufsschule. Dabei ist zu beachten, dass beim Zusammentreffen mehrerer Abkürzungsgründe eine Mindestzeit der Berufsausbildung von 18 Monaten erfüllt werden muss.
- Sie beantragen die *Verkürzung Ihrer Ausbildungszeit* mit dem dafür vorgesehenen Formblatt der Handwerkskammer.

  Sie fügen die Stellungnahmen der Beteiligten (Ausbildender und Berufsschule) sowie die erforderlichen Nachweise bei und reichen den Antrag in vierfacher Ausfertigung bei der zuständigen Innung oder Kreishandwerkerschaft ein.

  Einige Handwerkskammern fordern eine zusätzliche Erklärung, inwieweit der für die Berufsausbildung wesentliche Lehrstoff der Berufsschule des 3. Lehrjahres beherrscht wird.

  Diesen Nachweis können Sie erbringen,
  - wenn Sie die Fachstufe 2 (Oberstufe der Berufsschule) besuchen und ein entsprechendes Berufsschulzeugnis vorlegen können *oder*
  - wenn Sie sich die Kenntnisse des 3. Lehrjahres selbstständig erarbeitet haben und ihre Lehrkräfte der Berufsschule dieses bescheinigen können *oder*
  - wenn Sie sich während der Ausbildungszeit nachweislich mit Hilfe von Fachliteratur geschult haben und für das 3. Lehrjahr zugeordnete Unterlagen und Kompetenz-Checklisten (z. B. aus diesem Ordner) vorlegen können.

→ Bedenken Sie Folgendes:

Wenn Sie in der bisherigen Ausbildungszeit gute und bessere Leistungen erreicht haben und deshalb Ihre Gesellenprüfung vorzeitig ablegen möchten, sparen Sie Ausbildungszeit ein, und Sie können schon eher als Geselle tätig sein.

Sie erreichen aber vielleicht nicht die bei voller Ausbildungszeit mögliche Qualität Ihrer Berufsausbildung, und die Noten in Praxis und Theorie fallen nicht so gut aus wie Sie sich das vorstellen.

Sie sollten sich daher vor einem Antrag auf Verkürzung der Dauer der Berufsausbildung gut überlegen, ob diese Lösung für die Zukunft Ihrer Berufslaufbahn günstig ist. Vor allem sollten Sie die entsprechenden Kapitel in Fachbüchern gründlich bearbeiten, so dass Sie die Inhalte beherrschen, die für die Gesellenprüfung wesentlich sind. Nur so erreichen Sie auch eine gute Note, die Sie sich bestimmt wünschen.

Information: Regelungen über die Gesellenprüfung im Ausbildungsberuf Bäcker/Bäckerin

Rechtliche Bestimmungen nach § 10 der Ausbildungsverordnung:

1. Die Gesellenprüfung, Abschlussprüfung erstreckt sich auf die in der Anlage aufgeführten Fertigkeiten und Kenntnisse sowie auf den im Berufsschulunterricht zu vermittelnden Lehrstoff, soweit er für die Berufsausbildung wesentlich ist.

Erläuterungen

Die **Gesellenprüfung** erstreckt sich inhaltlich auf alle Fertigkeiten und Kenntnisse, die im *Ausbildungsrahmenplan* (Anlage zur Ausbildunsgverordnung) aufgeführt sind.

Die **Gesellenprüfung** erstreckt sich inhaltlich außerdem auf den im *Berufsschulunterricht vermittelten Lehrstoff*, soweit er für die Berufsausbildung wesentlich ist. Damit sind diejenigen Inhalte des Berufsschulunterrichts als Prüfungsgegenstand **ausgeschlossen**, die dem so genannten „allgemeinen Bildungsauftrag" der Berufsschule zugeordnet sind (z. B. Sport oder Religion).

Rechtliche Regelungen nach Handwerksordnung und Ausbildungsvertrag:

Erläuterungen

1. Der Ausbildende hat dem Auszubildenden (Lehrling) das vorgeschriebene Berichtsheft auszuhändigen und regelmäßig die Führung des Berichtshefts (Ausbildungsnachweise) zu kontrollieren.

Rechtzeitig vor der Anmeldung zur Gesellenprüfung sollten Sie dafür sorgen, dass Sie die Ausbildungsnachweise vollständig geführt haben und Ihr Ausbildender diese unterschrieben hat.
So bestätigen Sie und Ihr Ausbildender sich gegenseitig, dass die im Berichtsheft aufgeführten Fertigkeiten und Kenntnisse vermittelt worden sind.

2. Der Ausbildende hat den Auszubildenden (Lehrling) unter Beifügung der vorgeschriebenen Unterlagen rechtzeitig zur Gesellenprüfung anzumelden.

Die Termine der Prüfungen werden rechtzeitig von der Handwerkskammer festgesetzt und bekannt gegeben.

3. Der Ausbildende hat den Auszubildenden (Lehrling) zur Teilnahme an der Gesellenprüfung anzuhalten und für die Teilnahme an den Prüfungen von der Arbeit im Betrieb freizustellen.

Sie erhalten von der Handwerkskammer oder vom Prüfungsausschuss eine Mitteilung, mit der Ihnen Ort, Termin und Umfang der Gesellenprüfung bekannt gegeben werden. Die Mitteilung müssen Sie im Betrieb vorlegen, wenn Ihr Ausbildender (Meister) von dieser Mitteilung noch nichts erfahren hat (z. B. durch eine Zweitausfertigung der Mitteilung).

Der Ausbildende muss Sie zur Teilnahme an den Prüfungen von der betrieblichen Arbeit freistellen.

4. Der Ausbildende hat die Gebühren für die Gesellenprüfung zu tragen.

Der Ausbildende trägt die Gebühren für die Teilnahme an der Gesellenprüfung.

Hinsichtlich entstehender Sachkosten (z. B. für Zutaten, die mitgebracht werden müssen) gelten die Regelungen, die in Ihrem Prüfungsbereich zwischen dem Prüfungsausschuss und den Ausbildungsbetrieben abgestimmt sind.

5. Für die Durchführung der Gesellenprüfung gelten die Bestimmungen des § 10 Abs. 1 Nr. 2 des Jugendarbeitsschutzgesetzes, nach denen jugendliche Lehrlinge am Tag vor der schriftlichen Abschlussprüfung von der betrieblichen Arbeit freizustellen sind.

Am Tage **vor** der **schriftlichen Gesellenprüfung** sind jugendliche Lehrlinge von der Arbeit freizustellen.

Diese Regelung gilt nur für den Tag, der der schriftlichen Gesellen-/Abschlussprüfung direkt vorangeht.

Information: Aufgaben in Teil A der Gesellenprüfung im Ausbildungsberuf Bäcker/Bäckerin

Rechtliche Bestimmungen nach § 10 der Ausbildungsverordnung:

Aufgaben in Teil A (der praktischen Gesellenprüfung)

In Teil A der Prüfung soll der Prüfling *in insgesamt höchstens acht Stunden* vier Arbeitsaufgaben durchführen sowie während dieser Zeit in *insgesamt 15 Minuten* hierüber ein Fachgespräch führen.

Hierfür kommen folgende Arbeitsaufgaben in Betracht:

1. Herstellen von Sauerteigbrot,
2. Herstellen von Kleingebäck unterschiedlicher Teige und unterschiedlicher Formen,
3. Herstellen von Backwarensnacks, Partykleingebäck oder kleinen Gerichten,
4. Herstellen von Feinen Backwaren aus Teigen oder Massen,
5. Herstellen einer Torte.

Die Arbeitsaufgaben 1 bis 3 sind verpflichtend zu bearbeiten. Von den Arbeitsaufgaben 4 und 5 ist eine auszuwählen.

Durch die Durchführung der Arbeitsaufgaben und das Fachgespräch soll der Prüfling zeigen,
dass er

- Arbeitsabläufe selbstständig planen, umsetzen und präsentieren kann, unter Beachtung
  - wirtschaftlicher,
  - technischer,
  - ökologischer und
  - zeitlicher Vorgaben im Hinblick auf Kundenerwartungen;

dass er bei der Arbeit berücksichtigt:

- Sicherheit,
- Gesundheitsschutz und
- Hygiene;

dass er Folgendes kann:

- Kundenaufträge annehmen,
- Kunden beraten,
- die für die Arbeitsaufgaben relevanten fachlichen Hintergründe aufzeigen sowie
- die Vorgehensweise bei der Durchführung der Arbeitsaufgaben begründen.

(Anmerkung: Die im letzten Absatz von § 10 Abs. 2 der Ausbildungsverordnung dargestellten Anforderungen wurden in der obigen Auflistung in Einzelpunkte untergliedert, damit sie besser deutlich werden.)

Erläuterungen

Aufgaben in der praktischen Gesellenprüfung

Die Höchstzeit der praktischen Gesellenprüfung beträgt acht Zeitstunden (480 Minuten). *Innerhalb dieser 8 Stunden* ist auch das **Fachgespräch von 15 Minuten** abzulegen. Auch Ihre **Planung der Arbeitsaufgaben** ist Teil der Prüfungszeit.

Die Höchstzeit von 8 Stunden darf **nicht überschritten** werden. Wenn Sie die Prüfungsarbeiten in kürzerer Zeit absolvieren, können Sie jedoch die Zeit **von 8 Stunden unterschreiten**.

Die Gesellenprüfung umfasst 4 praktische Arbeiten:

- Die nebenstehenden Gebiete 1 bis 3 sind **Pflichtaufgaben**.
- Von den nebenstehenden Gebieten 4 und 5 wählt der Prüfungsausschuss eine Aufgabe als **Wahlaufgabe**.

Der Prüfungsausschuss wählt auch bei Arbeitsaufgabe 3, ob hierbei Snacks *oder* Partykleingebäck *oder* kleine Gerichte hergestellt werden sollen.
Der Prüfungsausschuss wählt auch bei Arbeitsaufgabe 4, ob hierbei Feine Backwaren aus Teigen *oder* aus Massen hergestellt werden sollen.
Der Prüfungsausschuss formuliert dabei die konkrete Aufgabe, zum Beispiel für die **erste Pflichtaufgabe**:
„Herstellen von 3 Sauerteigbroten unterschiedlicher Art und Form aus 2,000 kg Mehl (Roggenmehl/Weizenmehl)".

Die Prüfungsaufgaben beziehen sich auf den *gesamten Handlungsablauf* der jeweiligen Arbeit, also:

- Arbeitsaufgaben *planen und organisieren*,
- Arbeitsabläufe *umsetzen* und
- Arbeitsergebnisse *beurteilen und kontrollieren*.

Dabei müssen Sie die nebenstehenden Aspekte beachten, also zum Beispiel *wirtschaftliche Vorgaben* oder *ökologische Vorgaben* (jeweils dort, wo diese Vorgaben bei der Arbeitsaufgabe eine Rolle spielen).

Tipp

Berücksichtigen Sie in Ihrer Planung Punkt für Punkt die nebenstehenden Anforderungen.
Schreiben Sie also konkret auf, bei welchen Arbeiten der eine oder andere Gesichtspunkt eine Rolle spielt (z. B. Hygiene oder Arbeitsschutz).
Der Prüfungsausschuss beurteilt nicht nur die *Qualität der hergestellten Produkte*, sondern den **ganzen Ablauf** Ihrer praktischen Arbeit. Dabei wird in der Planung, Durchführung und Reflexion beachtet, inwieweit Sie die nebenstehenden Gesichtspunkte anwenden.

Für die Planung Ihrer Prüfungsarbeiten müssen Sie den *Rahmen der 8 Stunden Prüfungshöchstzeit* beachten, auch wenn von Ihnen eine schriftliche Ausarbeitung verlangt wird oder die Planung an einem Tag vor der praktischen Durchführung der Arbeiten angefertigt wird.
Das gilt ebenso für die *Präsentation* der Prüfungsarbeiten, für die *Beurteilung* und *Reflexion* der Arbeitsergebnisse. Hieran knüpft im Allgemeinen *das Fachgespräch* an.

Allgemeine Informationen zu Teil A der Gesellenprüfung (Praktische Prüfung)

Wie erfahre ich Termin, Ort und Aufgabenstellung für die praktische Prüfung?

Rechtzeitig vor der Gesellenprüfung erhalten Sie vom Prüfungsausschuss eine schriftliche Einladung.
Mit dieser Einladung wird Ihnen üblicherweise mitgeteilt:

- wann und wo die praktische Prüfung für Sie stattfindet,
- welche 4 praktischen Prüfungsaufgaben Sie bearbeiten sollen (innerhalb von 8 Stunden der Prüfungshöchstzeit),
- wie Sie die Planungen zu den Aufgabenstellungen vorbereiten und darstellen sollen,
- welche Materialien Sie mitbringen müssen/dürfen.

Meine ergänzenden Bemerkungen:

Was muss ich vor der praktischen Prüfung erledigen?

Rechtzeitig vor der Gesellenprüfung müssen Sie die Punkte erledigen, die Sie als Voraussetzungen zu erfüllen haben.

Diese werden meistens vom Prüfungsausschuss mitgeteilt. Dazu gehören auf alle Fälle:

- vollständig geführtes Berichtsheft, mit von Ihnen und dem Meister unterschriebenen Ausbildungsnachweisen,
- Bescheinigung über die absolvierte Zwischenprüfung,
- Teilnahmebescheinigung an vorgeschriebenen überbetrieblichen Ausbildungsmaßnahmen (ÜBA, ÜLO),
- pünktliches Erscheinen am Ort der praktischen Gesellenprüfung,
- saubere Berufskleidung (als Teil der Hygiene am Arbeitsplatz).

Meine ergänzenden Bemerkungen:

Was muss ich beachten, wenn ich an der praktischen Prüfung nicht teilnehmen kann?

Bestimmt wünschen Sie es sich nicht, dass Sie am Prüfungstermin nicht teilnehmen können.
Aber es gibt verschiedene Gründe dafür, dass Ihre Teilnahme nicht möglich ist.
Und dann ist es wichtig, dass Sie darauf vorbereitet sind, das Richtige zu tun!

Beispiele für Verhinderungen, die Sie nicht zu vertreten haben:

- Verhinderung aus einem wichtigen Grund (z. B. Todesfall naher Angehöriger):
  - Rechtzeitiger schriftlicher Antrag beim Prüfungsausschuss auf Freistellung vom Prüfungstermin (Folge: Die Prüfung gilt als nicht abgelegt; der Prüfungsausschuss räumt Ihnen einen Nachholtermin ein.)
- Erkrankung:
  - Telefonische Meldung bei plötzlicher Erkrankung, schriftlichen Beleg später dem Prüfungsausschuss nachreichen.
  - Vorlage einer ärztlichen Bescheinigung beim Prüfungsausschuss, der Sie zur Prüfung eingeladen hat. (Folge: Die Prüfung gilt als nicht abgelegt; der Prüfungsausschuss räumt Ihnen einen Nachholtermin ein.)
- Verspätung durch nicht vorhersehbare Ereignisse (Zugverspätung, Unfall auf dem Weg zum Prüfungsort):
  - Auf jeden Fall sollten Sie versuchen, noch – so schnell wie möglich – am Prüfungsort zu erscheinen oder durch jemand anderen dort Bescheid geben zu lassen; eventuelle Belege vorlegen (z. B. Bescheinigung über Verspätung des Zuges, des Busses *oder* Bescheinigung einer Polizeidienststelle über den Unfall). (Folge: Der Prüfungsausschuss entscheidet nach Sachlage darüber, wie Sie die Prüfung noch ablegen können.)

Sofern Sie durch einen Grund, den Sie selbst zu vertreten haben, verspätet zur praktischen Prüfung erscheinen, sollten Sie dem Prüfungsausschuss mit einer Entschuldigung die Gründe nennen. Der Prüfungsausschuss entscheidet dann, ob Sie an diesem oder einem anderen Termin die praktische Prüfung ablegen können.
Sofern Sie durch einen Grund, den Sie selbst zu vertreten haben, nicht an der praktischen Prüfung teilnehmen und dem Prüfungsausschuss keine akzeptable Entschuldigung vorlegen, gilt die Prüfung als nicht bestanden.

Meine ergänzenden Bemerkungen:

Anschrift bzw. Telefonnummer des Prüfungsausschusses oder für Nachricht bei Verhinderung:

WICHTIG

Die obigen Grundsätze sind allgemein üblich.
Wenn der Prüfungsausschuss andere Vorgaben macht, gelten für Sie natürlich die Regeln Ihres Prüfungsausschusses.

Kompetenz-Checkliste für die **Pflichtaufgaben im Teil A** der Gesellenprüfung

Was soll ich in Stufe 4 erreicht haben? Wo stehe ich mit meinem Können?

Diese Kompetenz-Checkliste ist ein Kontroll-Instrument. Mit dieser Checkliste können Sie für sich klären, inwieweit Sie die Anforderungen für die **Pflichtaufgaben im Teil A** der Gesellenprüfung erfüllen.

→ Schätzen Sie Ihre Fertigkeiten (Kompetenzen) in den jeweiligen Aufgabengebieten der Gesellenprüfung ein. Setzen Sie dann ein Kreuz unter diejenige Stufe, die Ihrer Kompetenz Ihrer eigenen Einschätzung nach entspricht.

→ Klären Sie, ob Sie etwas tun müssen, um Ihre Fertigkeiten in dem einen oder anderen Aufgabengebiet zu verbessern. Legen Sie dazu konkret fest, was Sie tun wollen.

Aufgabengebiete	Stufe 1	Stufe 2	Stufe 3	Stufe 4
1. Herstellen von Sauerteigbrot	Ich kann nach gegebenen Rezepten den Sauerteig und den Brotteig führen, daraus eine Sorte Sauerteigbrot formen.	Ich kann vorgegebene Rezepte für Sauerteigbrot umrechnen, Sauerteig und Brotteig richtig führen, zu verschieden geformten Broten aufarbeiten.	Ich kann einen Sauerteig selbstständig führen, den Brotteig herstellen, sicher zu 3 verschiedenformigen Broten aufarbeiten und fachgerecht abbacken.	Ich kann mehrere Sauerteige selbstständig führen, sicher den Brotteig herstellen, daraus 3 oder mehr Brotsorten herstellen und deren Qualität richtig beurteilen.
Wo stehe ich? (ankreuzen)	☐	☐	☐	☐
2. Herstellen von Kleingebäck unterschiedlicher Teige und unterschiedlicher Formen	Ich kann nach gegebenen Rezepten die Teige für Kleingebäcke herstellen und zu mindestens 2 verschiedenen Kleingebäcken aufarbeiten.	Ich kann vorgegebene Rezepte für Kleingebäcke umrechnen, die Teige herstellen und daraus mindestens 3 unterschiedliche Kleingebäcke herstellen.	Ich kann einen Teig für Kleingebäck selbstständig herstellen, daraus sicher 3 verschiedene Kleingebäcke formen, fachgerecht abbacken sowie deren Qualität richtig beurteilen.	Ich kann etliche Teige für Kleingebäck selbstständig herstellen, sicher daraus 3 oder mehr Kleingebäcke herstellen, auch mit speziellen Formtechniken, und deren Qualität richtig beurteilen.
Wo stehe ich? (ankreuzen)	☐	☐	☐	☐
3. Herstellen von Backwarensnacks, Partykleingebäck (oder kleinen Gerichten)*	Ich kann einfache Backwarensnacks unter fachlicher Anleitung herstellen.	Ich kann nach gegebenen Rezepturen verschiedene Backwarensnacks selbstständig herstellen.	Ich kann verschiedene Backwarensnacks und deren Füllungen/Auflagen selbstständig herstellen sowie deren Qualität nach vorgegebenen Kriterien beurteilen.	Ich kann verschiedene Backwarensnacks und Partygebäcke selbstständig und sicher herstellen sowie deren Qualität selbstständig richtig beurteilen.
Wo stehe ich? (ankreuzen)	☐	☐	☐	☐
3. Herstellen von Backwarensnacks oder kleinen Gerichten*	Ich kann einfache kleine Gerichte unter fachlicher Anleitung herstellen.	Ich kann nach gegebenen Rezepten verschiedene Salate und Eierspeisen selbstständig herstellen.	Ich kann mehrere Sorten Salate und Eierspeisen sicher herstellen sowie deren Qualität nach vorgegebenen Kriterien beurteilen.	Ich kann mehrere Sorten Salate, Eierspeisen und andere kleine Gerichte selbstständig herstellen sowie deren Qualität selbstständig richtig beurteilen.
Wo stehe ich? (ankreuzen)	☐	☐	☐	☐

* Hinweis
Bei den obigen Nummern 3 handelt es sich um Aufgaben, die der Prüfungsausschuss auswählt (→ Randspalte Seite 62)

Konsequenzen

→ Ich muss die folgenden Fertigkeiten weiterentwickeln und üben:

____

____

____

____

____

____

Kompetenz-Checkliste für die **Wahlaufgaben im Teil A** der Gesellenprüfung

Was soll ich in Stufe 4 erreicht haben? Wo stehe ich mit meinem Können?

Diese Kompetenz-Checkliste ist ein Kontroll-Instrument. Mit dieser Checkliste können Sie für sich klären, inwieweit Sie die Anforderungen für die **möglichen Wahlaufgaben im Teil A** der Gesellenprüfung erfüllen.

→ Schätzen Sie Ihre Fertigkeiten (Kompetenzen) in den jeweiligen Aufgabengebieten der Gesellenprüfung ein. Setzen Sie dann ein Kreuz unter diejenige Stufe, die Ihrer Kompetenz nach Ihrer eigenen Einschätzung entspricht.

→ Klären Sie, ob Sie etwas tun müssen, um Ihre Fertigkeiten in dem einen oder anderen Aufgabengebiet zu verbessern. Legen Sie dazu konkret fest, was Sie tun wollen.

Aufgabengebiete	Stufe 1	Stufe 2	Stufe 3	Stufe 4
4. Herstellen von Feinen Backwaren aus Teigen *(oder aus Massen)*	Ich kann nach gegebenen Rezepten die Teige herstellen und zu mindestens 2 ortsüblichen Sorten Feiner Backwaren aufarbeiten.	Ich kann vorgegebene Rezepturen umrechnen, verschiedene Feinteige herstellen und daraus mindestens 3 verschiedene Feine Backwaren herstellen.	Ich kann 3 verschiedene Teige für Feine Backwaren selbstständig herstellen, daraus verschiedene Feine Backwaren aufarbeiten, abbacken sowie deren Qualität richtig beurteilen.	Ich kann selbstständig und sicher mehr als 3 Feinteige herstellen, aufarbeiten und daraus unterschiedliche Feinbackwaren herstellen, auch mit speziellen Zutaten/Techniken, und die Qualität richtig beurteilen.
Wo stehe ich? (ankreuzen)	☐	☐	☐	☐
4. Herstellen von Feinen Backwaren *(aus Teigen) oder* aus Massen	Ich kann nach gegebenen Rezepten die Massen herstellen und zu mindestens 2 üblichen Sorten Feiner Backwaren aus Massen aufarbeiten.	Ich kann vorgegebene Rezepturen umrechnen, Massen für Feine Backwaren herstellen, daraus mindestens 3 verschiedene Feine Backwaren herstellen.	Ich kann 3 verschiedene Arten von Massen selbstständig herstellen, daraus verschiedene Feine Backwaren aufarbeiten, abbacken sowie deren Qualität richtig beurteilen.	Ich kann selbstständig und sicher mehr als 3 Arten von Massen herstellen, daraus mehrere Feine Backwaren herstellen, auch mit speziellen Zutaten/Techniken, und die Qualität richtig beurteilen.
Wo stehe ich? (ankreuzen)	☐	☐	☐	☐
5. Herstellen einer Torte	Ich kann gegebenen Tortenboden aufteilen, mit fertiger Krem- oder Sahnefüllung zusammensetzen, die Torte einstreichen und garnieren.	Ich kann den Tortenboden herstellen, aufschneiden, mit Krem- oder Sahnefüllung zusammensetzen, die Torte glatt einstreichen und mit unterschiedlichen Garnierungen und Dekors versehen.	Ich kann verschiedene Tortenböden selbstständig herstellen, aufschneiden, mit selbst aromatisierten und hergestellten Krem- oder Sahnefüllungen zusammensetzen, die Torte glatt einstreichen sowie exakt ausgarnieren und dekorieren, die Qualität der Torte nach vorgegebenen Kriterien beurteilen.	Ich kann verschiedene Tortenböden selbstständig und sicher herstellen, die Böden variabel mit verschiedenen Füllungen (auch mit speziellen Zutaten/Aromen/Techniken) zusammensetzen, die Torte oder das Formstück glatt einstreichen, exakt ausgarnieren, passend dekorieren sowie die Qualität nach eigenen Kriterien richtig beurteilen.
Wo stehe ich? (ankreuzen)	☐	☐	☐	☐

* Hinweis
Bei den Nummern 4 und 5 handelt es sich um Aufgaben, die der Prüfungsausschuss auswählt (→ Randspalte Seite 62)

Konsequenzen

→ Ich muss die folgenden Fertigkeiten weiterentwickeln und üben:

____

____

____

____

____

____

____

Checkliste zur Vorbereitung auf die praktische Gesellenprüfung

- [ ] An welchem Tag und zu welcher Uhrzeit muss ich am Ort der praktischen Prüfung sein?

  Tag: ______________________________

  Uhrzeit: ______________________________

- [ ] Sind vom Prüfungsausschuss weitere Unterlagen bei mir angefordert? Wenn ja: welche?

- [ ] Sind alle Ausbildungsnachweise im Berichtsheft?

- [ ] Sind alle Ausbildungsnachweise im Berichtsheft von mir und dem Meister unterschrieben?

- [ ] Liegt saubere Berufskleidung bereit?

- [ ] Hat der Prüfungsausschuss eine vorbereitete schriftliche Planung gefordert (Vordruck dafür)?

- [ ] Muss ich Zutaten oder Halbfertigprodukte (z. B. Füllung) zur praktischen Prüfung mitbringen?

- [ ] Kann ich von mir gewünschte Zutaten bei den Prüfungsarbeiten einsetzen (z. B. Würzmischung)?

- [ ] Welche Materialien will ich zur Präsentation der Gebäcke mitnehmen (z. B. Tabletts, Tuch, Körbe)?

- [ ] Sonstiges – was ich noch brauche (z. B. Schilder oder Kamera zum Fotografieren meiner Präsentation):

Information: Zeitplanung für Teil A der Gesellenprüfung (Praktische Prüfung)

Beispiel für die Mitteilung des Prüfungsausschusses an die Prüflinge

Sie erhalten vom Prüfungsausschuss eine schriftliche Einladung, in der Folgendes bekannt gegeben wird:

- Ort der praktischen Prüfung,
- Termin der praktischen Prüfung (eventuell mit Aufteilung auf Vorbereitungstermin und Haupttermin),
- Anforderungen und Aufgabenstellungen für die Praktische Prüfung.

Beispiel:

Der **Teil A der Gesellenprüfung** besteht aus

- einer Planung in schriftlicher Form (Dokumentation),
- vier Arbeitsaufgaben (Fertigkeitsprüfung),
- einem Fachgespräch von 15 Minuten (Reflexion).

Mit der Durchführung der Aufgaben sollen Sie zeigen, dass Sie entsprechend den Kundenwünschen die Arbeitsabläufe unter Beachtung wirtschaftlicher, technischer, ökologischer und zeitlicher Vorgaben im Hinblick auf Kundenerwartungen selbstständig planen, umsetzen und präsentieren können. Dabei sollen Sie Gesichtspunkte der Arbeitssicherheit und der Hygiene berücksichtigen, fachliche Hintergründe aufzeigen und die Vorgehensweise bei der Durchführung begründen.

(Erklärung: Mit dieser Information hat der Prüfungsausschuss die Gesichtspunkte für alle Arbeitsaufgaben beschrieben, die Sie beachten müssen. Diese werden also nicht mehr bei jeder einzelnen Aufgabe wiederholt genannt.)

Zeitaufteilung für Teil A der Gesellenprüfung (Höchstzeit: 8 Stunden = 480 Minuten)

1) Planung und Dokumentation: 45 Minuten
2) erster Prüfungstag zur Vorbereitung: 120 Minuten
3) zweiter Prüfungstag mit Fertigkeitsprüfung: 300 Minuten + 15 Minuten für das Fachgespräch

1) Planung und Dokumentation (45 Minuten)

Die drei Pflichtaufgaben sind von Ihnen vor der Prüfung zu planen und zu dokumentieren. Ihre Dokumentation ist am Vorbereitungstag vorzulegen. Ihre schriftliche Dokumentation soll umfassen: Rezepturen, Herstellungsbeschreibungen, Ablauf- und Zeitplanung sowie auf die Herstellungsvorgänge bezogene Hinweise zu Arbeitssicherheit und Hygiene. Weitere erforderliche Inhalte der Dokumentation können Ihnen vom Prüfungsausschuss rechtzeitig vor dem Prüfungstermin mitgeteilt werden.

2) Erster Prüfungstag (120 Minuten)

Am Vorbereitungstag sind von Ihnen innerhalb von 20 Minuten Arbeitszeit für die Wahlaufgabe die Rezeptur und die Herstellungsbeschreibung zu gestalten und dem Prüfungsausschuss vorzulegen. Die Dokumentation können Sie handschriftlich oder mit Hilfe eines PC-Programms anfertigen.

Am Vorbereitungstag sind von Ihnen außerdem die vorbereitenden Arbeiten für bestimmte Arbeitsaufgaben zu erledigen. Das sind zum Beispiel: Herstellen von Sauerteig und/oder Quellstück, Herstellen von Mürbeteig, Herstellen von Tortenboden.

3) Zweiter Prüfungstag (315 Minuten)

Am zweiten Prüfungstag sind von Ihnen die Arbeitsaufgaben laut Aufgabenstellung (auf besonderen Blättern aufgeführt) praktisch durchzuführen.

Nach der Herstellung müssen Sie die Produkte verkaufsfördernd auf einem Tisch präsentieren. Hierzu sollen Sie die erforderlichen Präsentationsmittel selbst bestimmen und mitbringen (z. B. Tabletts, Körbe, Tücher, Schildchen).

Im Rahmen der Bewertung Ihrer Prüfungsarbeiten durch den Prüfungsausschuss findet das Fachgespräch mit Ihnen statt.

(Hinweis: Der Prüfungsausschuss kann vorsehen, dass Sie zur Vorbereitung auf das 15-minütige Fachgespräch Ihre Prüfungsarbeiten selbst beurteilen, eventuell mit einem vorgefertigten Beurteilungsbogen.)

WICHTIG

Die obigen Darstellungen sind nur Beispiele zur Verdeutlichung der Prüfungsanforderungen.
Wenn Ihr Prüfungsausschuss etwas anderes vorgibt, gelten für Sie natürlich die Regeln Ihres Prüfungsausschusses.

Information: Aufgabenstellung für Teil A der Gesellenprüfung (Praktische Prüfung)

Beispiel für eine Aufgabenstellung (ohne Vorgaben für die Form der Planung)

Situationsbeschreibung:
Ein Industriebetrieb hat in der Verkaufsstelle Ihrer Bäckerei eine Bestellung für Backwaren aufgegeben.
Anlass ist eine Tagung der Außendienstmitarbeiter mit 15 Teilnehmern.
Geliefert werden sollen von Ihrer Bäckerei verschiedene Produkte als Beilagen zu den Mahlzeiten:
- *30 Kleingebäcke für das Frühstück,*
- *3 verschiedene Quiches für eine Zwischenmahlzeit,*
- *3 Sauerteigbrote als Beilagen zu den Mahlzeiten,*
- *1 Torte zum Kaffee.*

Stellen Sie die gewünschten Backwaren selbstständig auf der Grundlage der von Ihnen erstellten Planung her.

Pflichtaufgaben *(laut Ausbildungsverordnung)*

- **Sauerteigbrote:** 3 Roggenmischbrote (70 : 30) mit Schrotanteil, Gesamtmehlmenge: 2000 g (davon 2 Laibbrote nach Ihrer Wahl und 1 Brot als Dekorbrot)
- **Kleingebäcke:** 30 Stück verschiedene besondere Kleingebäcke nach Ihrer Wahl (davon 15 Stück kleine Flecht- und Formgebäcke)
- **Backwarensnacks:** 3 Quiches nach Ihrer Wahl

Diese Arbeitsaufgaben müssen Sie vorplanen und dokumentieren.
Ihre schriftliche Ausarbeitung müssen Sie am Vorbereitungstag vorlegen.

DIGITAL+

Beispiel für Dekorbrot

Wahlaufgabe *(laut Ausbildungsverordnung)*

- **Torte:** 1 Nuss-Sahnetorte
  Diese Arbeitsaufgabe müssen Sie am Vorbereitungstag vorplanen und dokumentieren.

Präsentation *(laut Information durch den Prüfungsausschuss)*

- **Gestaltung:** Aufbau der hergestellten Produkte auf einem Tisch (unter Verwendung eigener Präsentationsmittel)

Fachgespräch *(laut Ausbildungsverordnung)*

- **Reflexion:** Soll-Ist-Kontrolle der Planung, Bewertung der Produkte, Gebäckmängel-Ansprache und Verbesserungsvorschläge, Verkaufsargumente

Hinweise:
Es gelten die Prüfungsgrundsätze der Ausbildungsverordnung und der Gesellenprüfungsordnung der Handwerkskammer.
Außerdem müssen Sie die ergänzenden Informationen des Prüfungsausschusses beachten.
Zu den genannten Prüfungsterminen wird hygienisches Arbeiten in sauberer Berufskleidung erwartet.

Anmerkungen:
1. Die obige Darstellung ist nur ein Beispiel für mögliche Prüfungsaufgaben.
   Für Ihre Gesellenprüfung gelten natürlich die konkreten Aufgabenstellungen durch Ihren Prüfungsausschuss.
2. Die obigen Aufgaben sind frei zu planen (ohne Vorgabe eines Vordrucks für die Planung).
   Im Folgenden finden Sie auch Einzelbeispiele für Prüfungsaufgaben mit gelenkter Planung.

Tipps für Teil A der Gesellenprüfung (Praktische Prüfung)

Was Sie tun können, wenn Ihnen die Aufgaben für die praktische Prüfung mitgeteilt worden sind

- Welche konkreten Arbeiten will ich bei den einzelnen 4 Arbeitsaufgaben durchführen?
  (z. B. Auswählen der Sorten für die Sauerteigbrote, die ich herstellen will)
- Wie gut und sicher beherrsche ich die Fertigkeiten, um die ausgewählten Gebäcke herzustellen?
  (z. B. meine Kompetenz für das Wirken, bei den Formtechniken für Kleingebäcke) (Kompetenz-Checkliste)
- Wie kann ich die Prüfungsaufgaben vorplanen?
  (z. B. eine Prüfungsmappe erstellen)

→ Video: Prüfungsmappe

DIGITAL+

Wie Sie die Prüfungszeit der praktischen Prüfung planen und aufteilen können

- Beachten Sie, dass die Prüfungshöchstzeit von 8 Stunden nicht nur für die Herstellungsabläufe der Gebäcke zur Verfügung steht. Zur Prüfungshöchstzeit zählen auch die erforderlichen Zeiten für die Planung, Kontrolle sowie für die Präsentation der Prüfungsarbeiten.
  (Wenn der Prüfungsausschuss z. B. die Planung am Tag vor den praktischen Arbeiten durchführen lässt, wird die dafür bereits verbrauchte Zeit von der Prüfungshöchstzeit abgezogen.)
- Planen Sie die Arbeitsabläufe für die Herstellung der einzelnen Gebäcke ganz exakt mit den notwendigen Arbeitsschritten, und ordnen Sie die dafür erforderliche Arbeitszeit zu.
  (z. B. Tourieren mit einer einfachen Tour = 8 Minuten)
- Stellen Sie eine Zeitplanung für die gesamten praktischen Prüfungsaufgaben auf.
  (Der Zeitplan wird oftmals als Teil der Gesamtplanung erwartet. Dann gibt der Prüfungsausschuss dieses auch an.)
- Beachten Sie bei der Zeitplanung die so genannten Rüstzeiten wie für Reinigung des Arbeitsplatzes oder das Vorbereiten der folgenden Herstellungsvorgänge.
  Dabei müssen Sie das Verschachteln von Arbeitsgängen einplanen, z. B. dass Sie während der Teigruhe- oder Gärzeiten andere Arbeiten erledigen.
  (Den Zeitplan können Sie in der Abfolge der Arbeitszeit-Minuten *oder* anhand der fortlaufenden Uhrzeit darstellen.)

Wie Sie die angestrebte Qualität Ihrer Prüfungsarbeiten erzielen und sichern

- Beachten Sie die regelbaren Parameter, die Sie bei der Herstellung des jeweiligen Gebäcks einhalten müssen, zum Beispiel: Teigtemperatur, Knetzeit, Teigruhe, Gärzeit, Backofentemperatur, Backzeit.
- Stellen Sie sicher, dass die Teige bis zum Aufarbeiten die optimale Teigreife erreichen, zum Beispiel: den Grundteig für Plundergebäck herstellen und vor dem Tourieren kühl ruhen lassen; während der Teigruhezeit können Sie andere Teige bereiten oder aufarbeiten.
- Beachten Sie, dass Sie im Unterschied zur täglichen Arbeit im Betrieb in der praktischen Gesellenprüfung nur mit kleinen Teigmengen umgehen. Die kleinen Teigmengen sind empfindlich gegenüber den Raumbedingungen. Schützen Sie daher die ruhenden Teige vor dem Auskühlen oder vor dem Verhauten, indem Sie die Teige mit einem Tuch abdecken oder in eine Folie einschlagen.
- Lassen Sie die Hefeteige beim Aufarbeiten genügend entspannen.
  - Nicht genügend entspannte Hefeteige lassen sich schwer aufarbeiten; sie formen sich zurück, und es entstehen dadurch Mängel in der Gebäckform.
  - Nicht genügend entspannte Hefeteige reißen beim Wirken in der Oberfläche, sodass keine glatte und gut gespannte Oberfläche erreicht wird. Somit entstehen Mängel in der Gebäckkruste.

  (Das Entspannen der Teiglinge ist ganz wichtig bei einzelnen Schritten der Aufarbeitung, z. B. nach dem Formen der Pressen und dem Plattdrücken sowie vor dem Abpressen und Rundwirken, ebenso nach dem Vorlängen von Teigstücken für Zopfgebäcke.)
- Achten Sie auf die optimale Ofenreife der Teiglinge, die richtige Backtemperatur, auf die Schwadengabe und die richtige Backzeit.
- Bei Gebäcken mit erwünschter glänzender Kruste können Sie das erreichen durch Abstreichen vor dem Backen, durch genügend Schwadeneinwirkung, durch Abstreichen sofort nach dem Backen.

Information: Planung für Teil A der Gesellenprüfung (Praktische Prüfung)

Beispiel für ein Fließschema zur ersten Pflichtaufgabe (Blatt 1)

1. Tag: Vorbereitung

Sauerteig (Detmolder Einstufenführung)

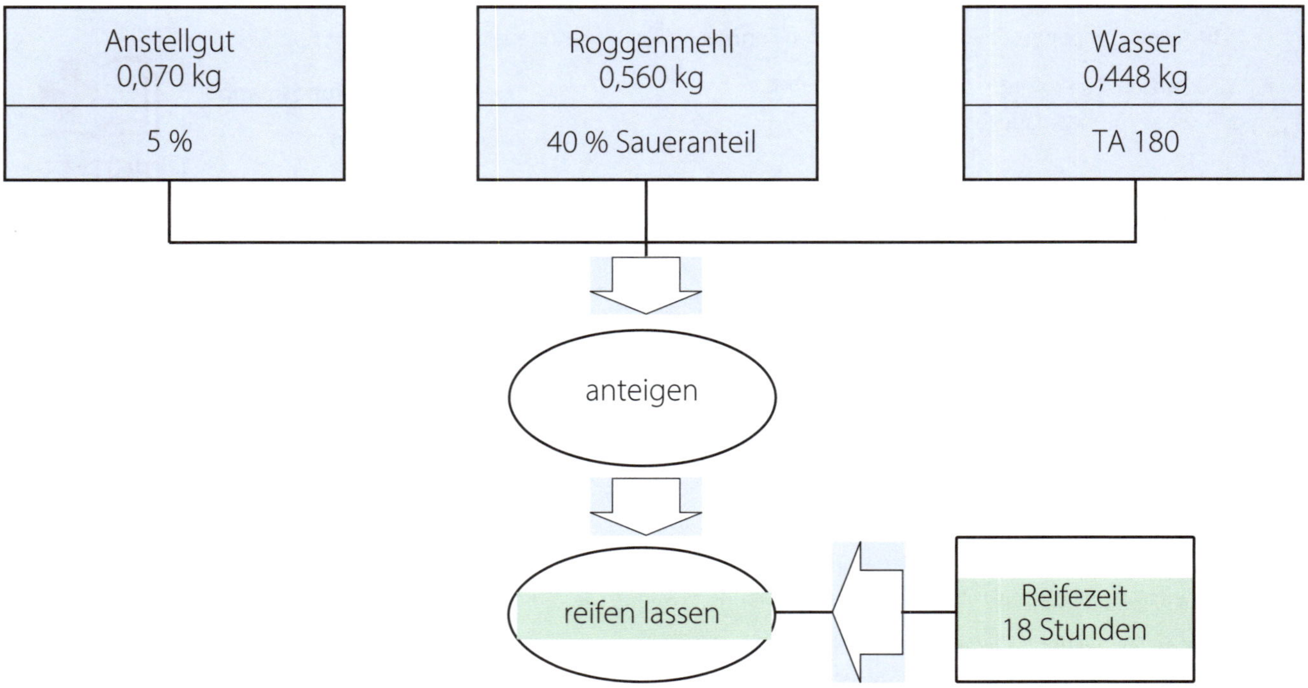

1. Tag: Vorbereitung

Quellstück

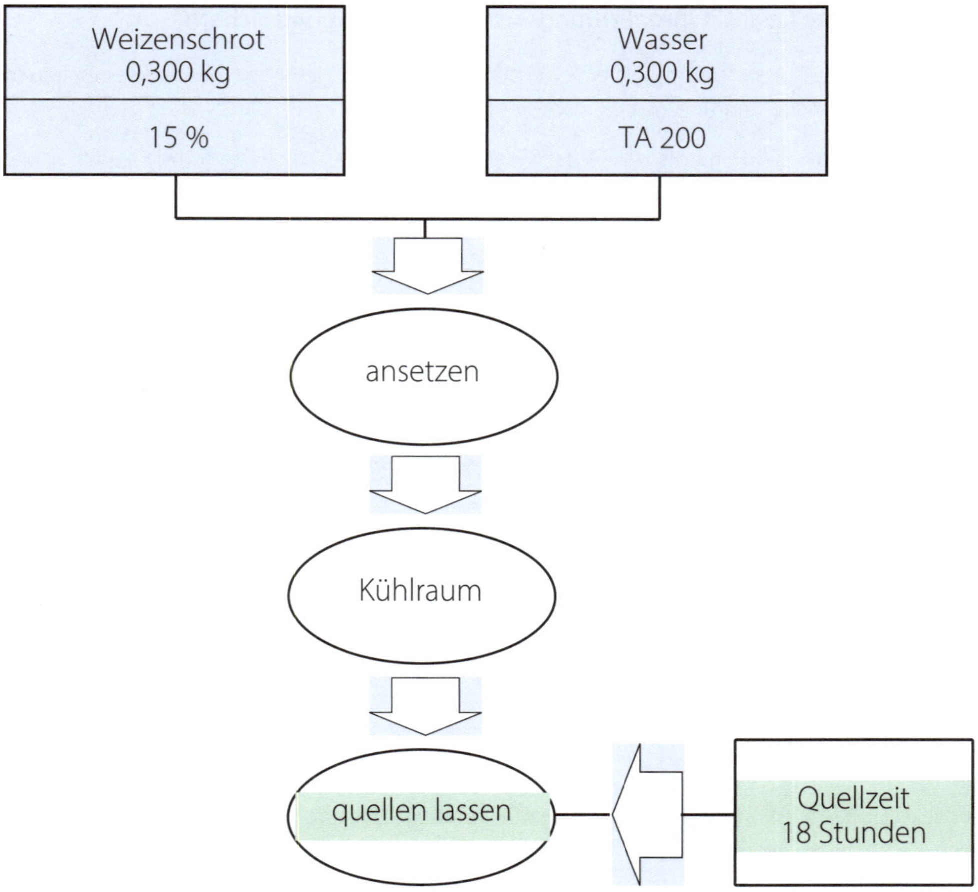

Information: Planung für Teil A der Gesellenprüfung (Praktische Prüfung)

Beispiel für ein Fließschema zur ersten Pflichtaufgabe (Blatt 2)

2. Tag: Herstellungsablauf

Sauerteigbrote

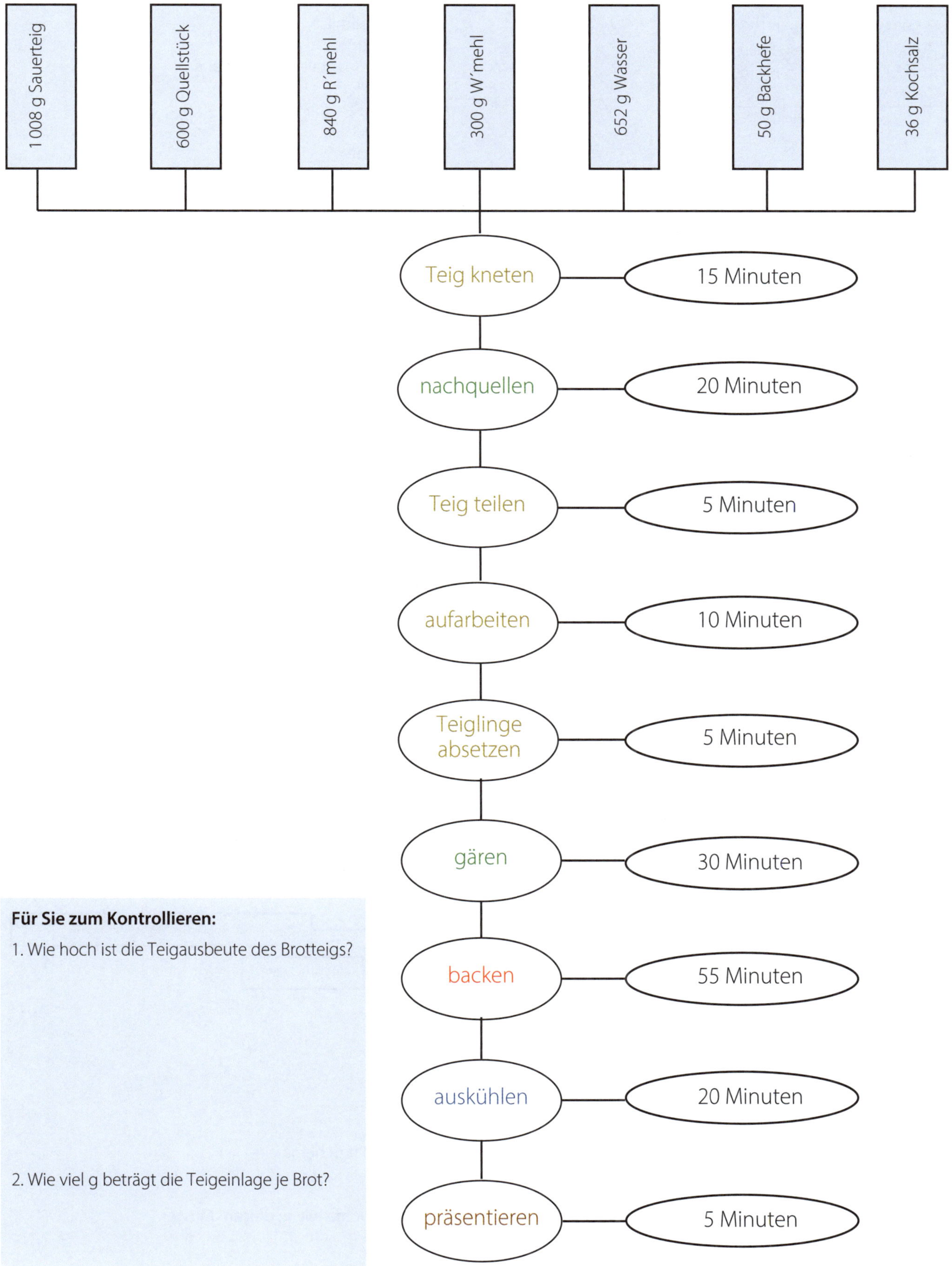

Für Sie zum Kontrollieren:

1. Wie hoch ist die Teigausbeute des Brotteigs?

2. Wie viel g beträgt die Teigeinlage je Brot?

Aufgabenblatt für Teil A der Gesellenprüfung (Praktische Prüfung)

– Erstellen eines Fließschemas –
Herstellen von gebackenen Snacks (Quiche mit Lauch)

DIGITAL+

Grundrezept

Geriebener Teig:

1,000 kg Weizenmehl (Type 550)
0,400 kg Schweineschmalz
0,025 kg Kochsalz
0,450 kg Wasser

1,875 kg geriebener Teig

Guss:

1,250 kg Vollmilch
0,750 kg Sahne
0,750 kg Emmentaler Käse, gerieben
0,750 kg Vollei
0,060 kg Weizenmehl
0,020 kg Kochsalz
0,010 kg Pfeffer
0,005 kg Muskatnuss

3,595 kg Guss

Auflage:

0,500 kg Schweinespeck, geräuchert, gewürfelt
0,750 kg Lauch, in Ringe geschnitten

1. Aufgabe:

Das Grundrezept ergibt 5 Quiches.

→ Errechnen Sie die Zutaten für 3 Quiches.
(Lösung auf einem gesonderten Blatt)

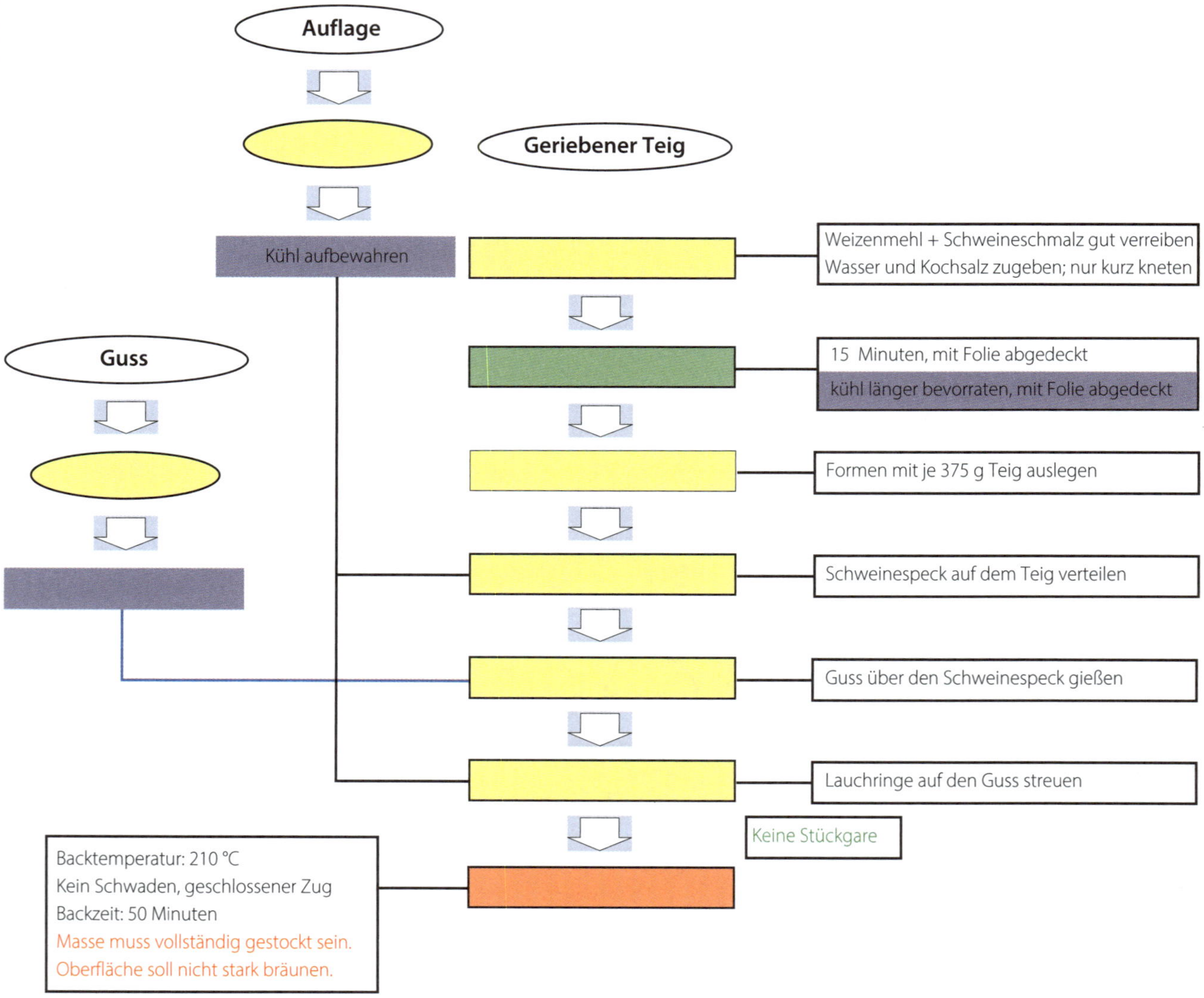

2. Aufgabe:

→ Tragen Sie die fehlenden Bezeichnungen für die Arbeitsschritte in das Schema ein.

3. Aufgabe:

→ Erstellen Sie für die Quiches laut Ihrer Prüfungsaufgabe das Fließschema wie in diesem Muster.
(Lösung auf einem gesonderten Blatt)

Information: Zeitplan für Teil A der Gesellenprüfung (Praktische Prüfung)

Beispiel für die Zeitplanung

→ Erstellen Sie zunächst für jede Gebäcksorte, die Sie in der praktischen Prüfung herstellen wollen, das Fließschema mit den einzelnen Arbeitsschritten.
Ordnen Sie den Arbeitsschritten die dafür geplante Soll-Arbeitszeit zu. *(→ Muster auf den Seiten 70 und 71)*

→ Erstellen Sie anhand der Soll-Arbeitszeiten im jeweiligen Fließschema den **Zeitplan** für die ganze praktische Prüfung.
Verschachteln Sie dabei die **Arbeitsabläufe** nach praktischen Gesichtspunkten (z. B. parallel zur Teigruhezeit eines Hefefeinteigs planen Sie das Kneten eines anderen Teiges).
Die **Rüst- und Aufräumarbeiten** können Sie den verschiedenen Arbeitsgängen zurechnen.
Sie müssen diese Zeiten nicht unbedingt gesondert aufführen.

Muster für eine Zeitplanung (punktuelle Auflistung, orientiert an der Uhrzeit des Prüfungstags)

8.05 Uhr:	Brotteig für Sauerteigbrote herstellen
8.25 Uhr:	Teig für Kleingebäcke kneten
8.40 Uhr:	Teig für Sauerteigbrote aufarbeiten
9.00 Uhr:	Kleingebäcke aufarbeiten
9.25 Uhr:	Sauerteigbrote zum Backen vorbereiten und abbacken *(Backzeit: 55 Minuten)*
9.35 Uhr:	Flechtgebäcke aufarbeiten
10.05 Uhr:	Kleingebäcke zum Backen vorbereiten und abbacken *(Backzeit: 18 Minuten)*
10.10 Uhr:	Sahne für Torte aufschlagen
10.20 Uhr:	Flechtgebäcke zum Backen vorbereiten und abbacken *(Backzeit: 22 Minuten)*
10.25 Uhr:	Tortenkörper zusammensetzen, zum Absteifen in den Kühlraum stellen
10.45 Uhr:	Teig für Quiches herstellen
10.55 Uhr:	Torte ausgarnieren und dekorieren, in den Kühlraum stellen
11.10 Uhr:	Quiches belegen
11.30 Uhr:	Guss für Quiches herstellen und verarbeiten
11.40 Uhr:	Quiches zum Backen vorbereiten und abbacken *(Backzeit: 35 Minuten)*
12.00 Uhr:	Tisch für Präsentation vorbereiten
12.30 Uhr:	Torte absetzen
12.40 Uhr:	Prüfungsgebäcke zur Präsentation herrichten und bereitstellen
13.00 Uhr:	Prüfungsgebäcke mit Hilfe des Bewertungsbogens beurteilen
13.15 Uhr:	Präsentation der Prüfungsgebäcke beenden
13.20 Uhr:	15 Minuten Zeit für Fachgespräch
13.35 Uhr:	Aufräumen

Aufgabe zum Üben:

→ Erstellen Sie nach dem obigen Muster den Zeitplan für die praktische Prüfung mit den von Ihnen ausgewählten Prüfungsaufgaben.

Beachten Sie:
Im obigen Muster sind nur 330 Minuten an Prüfungszeit verplant worden. Die restliche Zeit von den 480 Minuten Prüfungshöchstzeit wurde für Planung und Vorbereitung der praktischen Prüfung verwendet.

Information: Zeitplan für Teil A der Gesellenprüfung (Praktische Prüfung)

Beispiel für die Zeitplanung mit Ablaufdarstellung

→ Erstellen Sie anhand der Arbeitsabläufe und der Soll-Arbeitszeiten im jeweiligen Fließschema den Zeitplan für die gesamte praktische Prüfung.

Verschachteln Sie dabei die Arbeitsabläufe nach praktischen Gesichtspunkten (z. B. parallel zur Teigruhezeit eines Hefefeinteigs planen Sie das Kneten eines anderen Teiges).

Die Rüst- und Aufräumarbeiten können Sie den verschiedenen Arbeitsgängen zurechnen.
Sie müssen diese Zeiten nicht unbedingt gesondert aufführen.

→ Beachten Sie, dass Sie hierbei im Unterschied zur punktuellen Auflistung des Ablaufs den jeweiligen Zeitbedarf für die Arbeitsabläufe verschachtelt darstellen sollen (wie im folgenden Muster).

Muster für eine Zeitplanung (verschachtelte Auflistung, orientiert an der Uhrzeit des Prüfungstags)

Uhrzeit	Sauerteigbrot	Kleingebäck	Flechtgebäck	Torte	Quiches
08.05–08.20	Teig herstellen				
08.25–08.40	Teigruhe	Teig herstellen			
08.40–08.55	Teig aufarbeiten	Teigruhe	Teig herstellen		
09.00–09.25	Teiglinge auf Gare	Teig aufarbeiten	Teigruhe		
09.25–09.30	Ofen beschicken	Teiglinge auf Gare	Teig aufarbeiten		
09.35–09.55	Backen		Teiglinge auf Gare	Böden vorbereiten	
10.00–10.05		Ofen beschicken			
10.05–10.20		Backen	Ofen beschicken	Sahne aufschlagen	
10.20–10.40	10.25 Uhr ausbacken	10.23 Uhr ausbacken	Backen	Torte einsetzen	
10.40–10.50			10.42 Uhr ausbacken	Torte kühlen	Teig herstellen
10.55–11.10					
11.10–11.40					Quiches belegen
11.40–11.45				Torte ausgarnieren	Ofen beschicken
12.00–12.25	Tisch für die Präsentation der Gebäcke vorbereiten				12.20 Uhr ausbacken
12.30–12.35				Torte absetzen	
12.40–13.00	Prüfungsgebäcke zur Präsentation herrichten und platzieren				
13.00–13.10	Prüfungsgebäcke mit Hilfe des Beurteilungsbogens bewerten				
13.15	Abschluss der praktischen Prüfung				

Arbeitsblatt: Beispiel für die Pflichtaufgabe 1 in der praktischen Gesellenprüfung

Situationsbeschreibung:
Die Kunden in Ihrer Region wünschen Natursauerteigbrote, aber helle Sorten mit mildem Geschmack.
Sie sollen deshalb Weizenmischbrote (60 : 40) mit der Berliner-Kurzsauer-Führung herstellen (Saueranteil: 50 %).
Stellen Sie mit 2,000 kg Gesamtmehlmenge zwei Korbbrote und ein Dekorbrot her.

Aufgaben:

1. **Beschreiben Sie die Brotsorten, die Sie herstellen wollen. Führen Sie ihre jeweils typischen Merkmale auf.**

____

____

____

2. **Erstellen Sie das Schema für die Sauerteigführung.** (Sauerteigtemperatur: 35 °C)

Anstellgut	20 %	________ kg	
Roggenmehl	Type 997	________ kg	(Mehltemperatur: 24 °C)
Wasser	________	________ kg	(Temperatur des Schüttwassers: ________ °C)
= **Sauerteig** (ohne Anstellgut)		________ kg	

3. Erstellen Sie das Schema für den Brotteig.

Sauerteig		________ kg	(Sauerteigtemperatur: 35 °C)
Roggenmehl (restliche Menge)		________ kg	(Mehltemperatur: 24 °C)
Weizenmehl (restliche Menge)		________ kg	(Mehltemperatur: 24 °C)
Wasser	TA 170	________ kg	(Temperatur des Schüttwassers: ________ °C)
Backhefe	3 %	________ kg	
Kochsalz	2 %	________ kg	
= **Brotteig**		________ kg	(Teigtemperatur: 28 °C)

4. **Beschreiben Sie den Arbeitsablauf für die Herstellung der Brote.**

Teigherstellung: ______________________________

____

Formgebung: ______________________________

____

____

Bedingungen der Stückgare: ______________________________

____

____

Vorbereiten zum Backen: ______________________________

____

Bedingungen für das Backen: ______________________________

____

____

5. **Beurteilen Sie die Qualität der Brote, und präsentieren Sie die Brote in einer Warenauslage.**
(Für die Beurteilung der Brote können Sie als Hilfsmittel einen vorgefertigten **Beurteilungsbogen** benutzen.)
(Für die Präsentation der Brote müssen Sie die gewünschten **Präsentationsmittel** mitbringen.)

Arbeitsblatt: Beispiel für die Pflichtaufgabe 2 in der praktischen Gesellenprüfung

Situationsbeschreibung:
Sie sollen für ein Brot-Büfett spezielle Kleingebäcke als Beilagen-Gebäcke herstellen.
Gewünscht werden neben besonderen Weizenkleingebäcken auch Flecht- und Formgebäcke.
Stellen Sie mit dem Teig aus 1,000 kg Mehl 30 Stück der gewünschten Gebäcke her, und zwar 5 verschiedene Sorten.

Aufgaben:

1. **Nennen Sie die Kleingebäcke, die Sie herstellen wollen.**

   ____

   ____

   ____

   ____

   ____

2. **Erstellen Sie die Rezeptur für den Weizenhefeteig.**

Weizenmehl	Type ________	________ kg	(Mehltemperatur 20 °C)
Wasser	TA 160	________ kg	
Backhefe	5 %	________ kg	
Backmittel	3 %	________ kg	
Kochsalz	2 %	________ kg	
= **Teig** (insgesamt)		________ kg	(Teigtemperatur 24 °C)

DIGITAL+

3. **Stellen Sie die Führungsbedingungen für den Weizenhefeteig dar.**

   Teigerwärmung beim Kneten im Spiralkneter: 8 ° C

Temperatur des Schüttwassers:	________
Knetzeit:	________ Minuten, langsam + ________ Minuten, schnell
Pressengewicht:	________ g
Teigruhe:	________ Minuten
Stückgare:	________ Minuten bei ________ °C und ________ % Feuchte
Backen:	________ Minuten bei ________ °C und ________ Schwaden

4. **Beschreiben Sie die Herstellung der Kleingebäcke, die Sie herstellen wollen.**

   Besondere Kleingebäcke: ______________________________

   ____

   ____

   ____

   Flechtgebäck/Knoten: ______________________________

   ____

   ____

   ____

   ____

5. **Beurteilen Sie die Qualität der Gebäcke, und präsentieren Sie die Gebäcke in einer Warenauslage.**
   (Für die Beurteilung der Gebäcke können Sie als Hilfsmittel einen vorgefertigten **Beurteilungsbogen** benutzen.)
   (Für die Präsentation der Gebäcke müssen Sie die gewünschten **Präsentationsmittel** mitbringen.)

Arbeitsblatt: Beispiel für die Pflichtaufgabe 3 in der praktischen Gesellenprüfung

Situationsbeschreibung:
Sie sollen für einen kleinen Imbiss verschiedene Quiches herstellen.
Neben deftigen Fleisch- und Gemüse-Quiches ist auch eine süße Dessert-Quiche gewünscht.
Stellen Sie 3 verschiedene Sorten von Quiches in flachen Formen mit 20 cm Durchmesser her.

DIGITAL+

Aufgaben:

1. Beschreiben Sie die Quiches, die Sie herstellen wollen. Nennen Sie dabei die jeweils typischen Auflagen.
   1.1 ______
   1.2 ______
   1.3 ______
2. Notieren Sie die Rezeptur für den Teig der Quiche-Böden.
3. Beschreiben Sie die Vorbereitung der Quiche-Böden.
4. Nennen Sie die Zutaten für die jeweiligen Quiche-Auflagen/Füllungen.
   4.1 ______
   4.2 ______
   4.3 ______
5. Beschreiben Sie die Zutaten und die Herstellung der Abdeckung/der Gussart für die verschiedenen Quiches.
6. Nennen Sie 3 Regeln zum Arbeitsschutz, die Sie bei der Herstellung von Quiches beachten müssen.
7. Beurteilen Sie die Qualität der Quiches, und präsentieren Sie die Quiches in einer Warenauslage.
   (Für die Beurteilung der Quiches können Sie als Hilfsmittel einen vorgefertigten **Beurteilungsbogen** benutzen.)
   (Für die Präsentation der Quiches müssen Sie die gewünschten **Präsentationsmittel** mitbringen.)

Arbeitsblatt: Beispiel für die Wahlaufgabe zu Nr. 4 in der praktischen Gesellenprüfung

Situationsbeschreibung:
Viele Kunden wünschen als sogenannte „Dauergebäcke" verschiedene Tee- oder Dessertgebäcke aus Mürbeteigen.
Sie sollen „Flammende Herzen" aus Spritzmürbeteig herstellen.

DIGITAL+

Aufgaben:

1. Sie sollen 1,000 kg Spritzmürbeteig zur Herstellung von 20 Stück Flammenden Herzen verwenden. Rechnen Sie das folgende Grundrezept entsprechend um:

Weizenmehl:	1,000 kg	Weizenmehl:	______
Weizenstärke:	0,500 kg	Weizenstärke:	______
Butter:	1,500 kg	Butter:	______
Puderraffinade:	0,500 kg	Puderraffinade:	______
Vollei:	0,240 kg	Vollei:	______
Marzipanrohmasse:	0,240 kg	Marzipanrohmasse:	______
Kochsalz/Aromen:	0,020 kg	Kochsalz/Aromen:	______

2. Beschreiben Sie, wie Sie den Spritzmürbeteig mit der Anschlagmaschine/Planetenrührmaschine herstellen.

   Temperatur der Butter/angestrebte Massentemperatur: ______

   Rührwerkzeug: ______

   Rührvorgang: ______

   ______

3. Beschreiben Sie den Arbeitsablauf (mit Dauer der jeweiligen Arbeitszeit).

   Rühren der Masse: ______

   Aufdressieren: ______

   ______

   Backen: ______

   ______

   Zusammensetzen: ______

   ______

   Dekorieren: ______

   ______

   Präsentieren: ______

   ______

4. Begründen Sie Maßnahmen der Qualitätssicherung, die Sie bei der Herstellung von Flammenden Herzen beachten.

   ______

   ______

   ______

   ______

   ______

5. Beurteilen Sie die Qualität der Flammenden Herzen, und präsentieren Sie diese in einer Warenauslage.
   (Für die Beurteilung der Gebäcke können Sie als Hilfsmittel einen vorgefertigten **Beurteilungsbogen** benutzen.)
   (Für die Präsentation der Gebäcke müssen Sie die gewünschten **Präsentationsmittel** mitbringen.)

Arbeitsblatt: Beispiel für die Wahlaufgabe zu Nr. 5 in der praktischen Gesellenprüfung

DIGITAL+

Situationsbeschreibung:
Ein Kunde bestellt für eine Familienfeier eine Nuss-Sahnetorte.
Sie sollen die Torte mit einem Durchmesser von 28 cm und einer Höhe von 8 cm herstellen.

Aufgaben:

1. Sie sollen für die Torte einen Wiener Boden verwenden.
   Geben Sie ein Rezept an, das dafür geeignet ist.

   ____

   ____

2. Sie sollen für die Torte einen Mürbeteigboden als Unterboden einsetzen.
   Geben Sie dafür das Rezept eines 1:2:3-Mürbeteigs aus 120 g Weizenmehl an.

   ____

3. Beschreiben Sie, wie Sie die Sahnefüllung für die Torte zubereiten.

   Sahnemenge: 1 Liter ______________________________

   ____

   ____

   Bindung der Sahne mit Gelatine: ______________________________

   ____

   ____

   Aromatisieren: ______________________________

4. Beschreiben Sie den Arbeitsablauf für das Zusammensetzen und Dekorieren der Torte.

   Boden: 2 x geschnitten ______________________________

   ____

   ____

   ____

   ____

   Teilung: 16 Stück ______________________________

   ____

   ____

   ____

   ____

5. Beschreiben Sie Hygienemaßnahmen, die Sie bei der Herstellung der Torte beachten müssen.

   ____

   ____

   ____

   ____

   ____

6. Beurteilen Sie die Qualität der Torte, und präsentieren Sie die Torte in einer Warenauslage.
   (Für die Beurteilung der Torte können Sie als Hilfsmittel einen vorgefertigten **Beurteilungsbogen** benutzen.)
   (Für die Präsentation der Torte müssen Sie die gewünschten **Präsentationsmittel** mitbringen.)

Arbeitsablauf in der praktischen Gesellenprüfung

SOUVERÄN IN DER PRAKTISCHEN PRÜFUNG ARBEITEN

Tipps für die Zeit- und Arbeitseinteilung

Das ist Ihnen sicherlich schon klar: In der praktischen Gesellenprüfung läuft die Arbeit ganz anders als bei der Produktion im Ausbildungsbetrieb. In der Gesamtzeit der 8 Stunden Prüfungszeit müssen Sie die Prüfungsarbeiten ganzheitlich lösen.

Für die praktische Prüfung müssen Sie
- für sich selbstständig die Arbeit aufteilen,
- die Arbeitsabläufe gliedern,
- die Produkte herstellen,
- die Produkte präsentieren und,
- für das Fachgespräch beurteilen.

Tipps für Ihre Prüfungsgestaltung

→ Teilen Sie die zur **Verfügung stehende Arbeitszeit** für die Bearbeitung Ihrer Prüfungsaufgaben auf: Legen Sie vorbereitende Tätigkeiten auf den Tag vor der praktischen Prüfung, wenn Sie einen Vorbereitungstag haben.

Am Vorbereitungstag lassen sich außer der Sauerteigbereitung beispielsweise der Tortenboden und Dekors für die Torte herstellen.

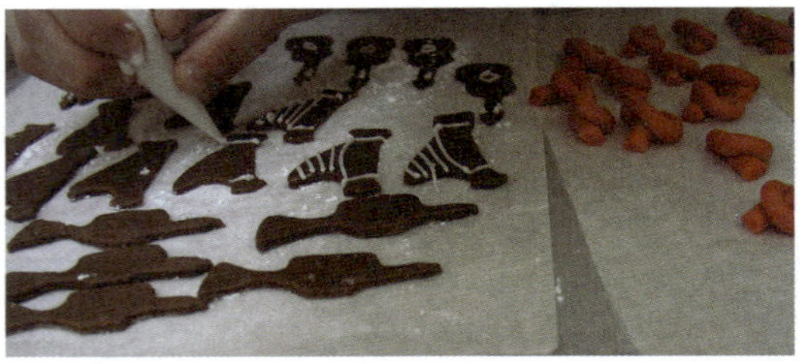

Arbeiten am Vorbereitungstag

→ Erstellen Sie anhand der einzelnen Abläufe Ihrer Arbeiten am Prüfungstag einen Zeitplan.

Beachten Sie darin vor allem, dass Sie die Hefefeinteige so herstellen, dass sie **genügend Teigruhezeit zum Reifen** haben und auch vor der Formung entspannen können.

Beachten Sie ebenso, dass Teige zum Tourieren entspannt sein müssen und zwischen den Tourierungen eine gewisse Zeit kühl ruhen müssen.

→ Achten Sie an Ihrem Arbeitsplatz sowie an Maschinen und Geräten, an denen Sie arbeiten, auf Sicherheit, Ordnung und Sauberkeit.

Denn Ihre Prüfungsleistungen werden nicht nur anhand der hergestellten Produkte bewertet. Auch Ihre Arbeitsweise, Ihre Umsicht am Arbeitsplatz, die Ordnung und **Hygiene bei Ihrer Arbeit** werden beurteilt.

Hygiene am Arbeitsplatz gewährleisten

→ Beachten Sie insbesondere beim Umgang mit leicht verderblichen Zutaten, dass Sie so arbeiten, dass diese Zutaten kühl und sauber verarbeitet werden. Auf dem nebenstehenden Bild sehen Sie, wie es an Ihrem Arbeitsplatz nicht aussehen darf, wenn Sie eine Torte herstellen. Die Krem- oder Sahnefüllung darf nicht mit Mehl oder Teig in Berührung kommen.

Wenn die Einrichtung Ihres Prüfungsraums es zulässt, sollten Sie die Torte auf einem Tisch mit Metall- oder Marmorplatte herstellen. So erfüllen Sie die **Hygiene-Anforderungen**.

→ Kalkulieren Sie die **Backzeit** der herzustellenden Produkte sowie die dafür erforderlichen Vor- und Nacharbeiten realistisch in Ihren Zeitplan ein.

Das ist insbesondere bei großstückigen Backwaren wie Sauerteigbrot oder Weizenbrot wichtig, damit diese Gebäcke bis zur Präsentation richtig auskühlen können.

Nutzen Sie die Backzeiten Ihrer Produkte, um andere Arbeiten zu erledigen, zum Beispiel um die **Präsentation** Ihrer Prüfungsarbeiten vorzubereiten.

Backzeiten im Plan berücksichtigen

Präsentation von Prüfungsarbeiten

GESTALTEN SIE DIE SCHAU MIT IHREN PRÜFUNGSARBEITEN

Tipps für die Präsentation in der praktischen Prüfung

Die Ausbildungsverordnung bestimmt, dass Sie Ihre Prüfungsarbeiten kundenorientiert herstellen und präsentieren müssen.
Welche Ansprüche Sie dabei erfüllen müssen, wird von Ihrem Prüfungsausschuss bestimmt. Hier erfahren Sie daher nur die Aspekte der Präsentation, die Sie bereits bei der Vorbereitung Ihrer praktischen Prüfung beachten können.

Tipps für die Auswahl der Präsentationsmittel

→ Wählen Sie **geeignete Präsentationsmittel** aus.
Diese müssen für die Präsentation von Lebensmitteln geeignet und hygienisch unbedenklich sein.
Die Präsentationsmittel müssen für das jeweilige Gebäck passend ausgewählt werden, zum Beispiel Tabletts und Servietten für Feine Backwaren oder Körbe und Holzbrettchen für Brötchen und Brot.

→ Wählen Sie **farblich abgestimmte Präsentationsmittel** aus.
Die Präsentationsmittel sollten insgesamt farblich zusammenpassen, damit Sie mit der Hauptfarbe Ihrer Präsentation eine gewisse Stimmung erzielen.
Die Präsentationsmittel sollten farblich zu Brot und Gebäck passen.
Günstig für die Gebäckpräsentation sind warme Farben, wie Braun, Gelb und Rot.
Wenn es sinnvoll und möglich ist, können Sie durch Beleuchtung die Produkte noch besser ins rechte Licht rücken.

Tipps für den Aufbau der Präsentation

→ Wenn Sie nur eine einfache Darstellung Ihrer Prüfungsarbeiten planen, genügt eine flächige Anordnung diesem Anspruch.
Wie auf der nebenstehenden Abbildung zu sehen ist, können Sie die Produkte dabei auf einem Tisch präsentieren, der nur mit einem Tuch abgedeckt ist. Die Produkte präsentieren Sie dabei so, wie es den Arbeitsaufträgen entspricht.

→ Wenn Sie eine dekorative Darstellung Ihrer Prüfungsarbeiten planen, ist dafür ein Aufbau wie in einem Schaufenster günstig.
Wie auf der nebenstehenden Abbildung zu sehen ist, können Sie die Produkte dabei auf verschiedenen Ebenen und mit verschiedenen Präsentationsmitteln ausstellen. Die Hilfsmittel zur Schaffung von Präsentationsebenen können Sie mit einem Tuch abdecken.

→ Wenn Sie Ihre Prüfungsarbeiten zu einem bestimmten Motto hergestellt haben, sollten Sie dieses auch bei der Präsentation zum Ausdruck bringen.
Wie auf der nebenstehenden Abbildung zu sehen ist, kann dafür ein geeignetes Schaustück als Blickpunkt dienen.
Außerdem sind themenbezogene Dekorationsstücke einsetzbar, wie hier die aus Pappe geformten Schrifttafeln und Notenschlüssel. Die Anordnung der Gebäcke entspricht dekorativen Gesichtspunkten. Die Auslage erweckt durch ihren Hell-Dunkel-Kontrast die Aufmerksamkeit.

Information: Benutzung der Beurteilungsbogen für Prüfungsarbeiten in der praktischen Gesellenprüfung

→ Die Ihnen hier zur Verfügung gestellten Beurteilungsbogen sollen Ihnen helfen, dass Sie mit Hilfe von ausgewählten Merkmalen rasch und sicher gelenkt die Prüfungsergebnisse in der praktischen Gesellenprüfung beurteilen können.

- Die Kriterien für die Gebäckbeurteilung sind nicht so umfassend ausgewählt wie die Beurteilungsmerkmale für offizielle Qualitätsprüfungen (z. B. nach dem DLG-Schema). Sie erlauben Ihnen aber eine Beurteilung Ihrer Gebäcke, so wie es für die Reflexion/Kontrolle in der Gesellenprüfung erwartet wird.
- Die Kriterien für die Gebäckbeurteilung in den Beurteilungsbogen sind von Ihnen „offen nutzbar".
  Das heißt: Sie können diese bei Bedarf oder nach Ihrem Wunsch handschriftlich ergänzen und abändern oder auch die für eine Gebäcksorte nicht zutreffenden Beurteilungsmerkmale unbearbeitet lassen.

→ Wenn der Prüfungsausschuss Ihnen bei der Aufgabenstellung für die praktische Gesellenprüfung einen bestimmten Beurteilungsbogen vorgibt, so müssen Sie diesen benutzen.
Wenn der Prüfungsausschuss einen Beurteilungsbogen vorgibt, sollen damit nämlich für alle Prüflinge Ihrer Prüfungsgruppe gleiche Bedingungen bei der Gebäckbeurteilung garantiert werden.

→ Wenn es Ihnen der Prüfungsausschuss freistellt, ob Sie einen Beurteilungsbogen benutzen wollen oder welchen Bogen Sie anwenden, dann sollten Sie den Beurteilungsbogen aus dem Prüfungsbuch vorlegen und als zulässiges Hilfsmittel für Ihre praktische Gesellenprüfung genehmigen lassen.

Tipps für die Benutzung der Beurteilungsbogen für Prüfungsarbeiten in der praktischen Gesellenprüfung

→ Ihre Beurteilung der einzelnen Gebäcke lenken Sie mit der Abfolge der Beurteilungsmerkmale.
Sie beginnen die Beurteilung also mit der äußeren Form oder dem Volumen.
Sie beenden die Beurteilung mit der Krume oder der Füllung.
Folgen Sie bei Ihrer Gebäckbeurteilung dieser Abfolge der Merkmale.
Kreuzen Sie das jeweils zutreffende Beurteilungsmerkmal an.

DIGITAL+

→ Die Beurteilungsmerkmale sind so formuliert, dass sie möglichst allgemein anzuwenden sind.
Die Beurteilungsmerkmale sind auch für Sie anwendungs-offen.
Sie können die Bezeichnungen verändern oder ergänzen, vor allem bei den Kästchen ohne eine beigefügte Bezeichnung. Auch können Sie die nicht vorgefertigten Felder im Beurteilungsbogen selbst ausfüllen für die Gebäcke, die speziell in Ihrer praktischen Prüfung herzustellen sind, auf dem Beurteilungsbogen aber fehlen.

→ Bei vielen Beurteilungsmerkmalen finden Sie die Zuordnung „sorten-typisch".
Diese Beurteilung können Sie immer dann ankreuzen, wenn das Gebäck die Qualität hat, die Sie erwarten.

→ Die Beurteilung von Krumeneigenschaften ist schwierig, wenn Sie das Gebäck kurz nach dem Backen und noch nicht ausgekühlt beurteilen.
Sie sollten daher beispielsweise für die Krumenbeurteilung beachten,

- ob sich das Porenbild der Gebäckkrume beim Durchschneiden des Gebäcks verändert hat oder
- ob sich die Elastizität der Gebäckkrume bereits sicher einschätzen lässt.

→ Für das „Zusammenfassende Urteil" können Sie aufgrund Ihrer Beurteilungen der einzelnen Merkmale für jede Sorte einen Punktwert festlegen, den Sie oben in der Kopfzeile hinter der Sorten-Nummer notieren.
Für diese Punktwerte können Sie sich am 100-Punkte-System orientieren (z. B. 85 von 100 Punkten geben).
Von den Punktwerten ausgehend können Sie leicht auf eine Note für das Gebäck schließen.

→ Für die „Verbesserungsvorschläge" können Sie aufgrund Ihrer Kritik bei einzelnen Beurteilungsmerkmalen einfach diejenigen Maßnahmen ableiten, mit denen Sie künftig den Qualitätsmangel des Gebäcks vermeiden wollen (z. B. „zu helle, dünne Kruste" vermeiden durch „längere Backzeit" oder „höhere Backtemperatur").

Beurteilungsbogen für die **Prüfungsarbeiten 1 und 2** in der praktischen Gesellenprüfung (Pflichtaufgaben)

Beurteilung von Sauerteigbrot (3 mögliche Sorten)

	Sorte 1	Sorte 2	Sorte 3	Bewertung/Verbesserungsvorschläge
Form und Volumen	☐ sorten-typisch ☐ zu breit/zu flach ☐ zu rund/zu klein ☐	☐ sorten-typisch ☐ zu breit/zu flach ☐ zu rund/zu klein ☐	☐ sorten-typisch ☐ zu breit/zu flach ☐ zu rund/zu klein ☐	
Kruste und Bräunung	☐ sorten-typisch ☐ zu dunkel/zu stark ☐ zu hell/zu dünn ☐ zu matt/mehlig ☐	☐ sorten-typisch ☐ zu dunkel/zu stark ☐ zu hell/zu dünn ☐ zu matt/mehlig ☐	☐ sorten-typisch ☐ zu dunkel/zu stark ☐ zu hell/zu dünn ☐ zu matt/mehlig ☐	
Geschmack	☐ sorten-typisch ☐ zu sauer ☐ zu fade ☐	☐ sorten-typisch ☐ zu sauer ☐ zu fade ☐	☐ sorten-typisch ☐ zu sauer ☐ zu fade ☐	
Krume	☐ sorten-typisch ☐ grobporig ☐ feinporig ☐ feucht/unelastisch ☐	☐ sorten-typisch ☐ grobporig ☐ feinporig ☐ feucht/unelastisch ☐	☐ sorten-typisch ☐ grobporig ☐ feinporig ☐ feucht/unelastisch ☐	

Beurteilung von Kleingebäcken (5 mögliche Sorten)

	Sorte 1	Sorte 2	Sorte 3	Sorte 4	Sorte 5
Form und Volumen	☐ sorten-typisch ☐ zu breit/zu flach ☐ zu rund/zu klein ☐	☐ sorten-typisch ☐ zu breit/zu flach ☐ zu rund/zu klein ☐	☐ sorten-typisch ☐ zu breit/zu flach ☐ zu rund/zu klein ☐	☐ sorten-typisch ☐ zu breit/zu flach ☐ zu rund/zu klein ☐	☐ sorten-typisch ☐ zu breit/zu flach ☐ zu rund/zu klein ☐
Kruste und Bräunung	☐ sorten-typisch ☐ zu dunkel/zu stark ☐ zu hell/zu dünn ☐	☐ sorten-typisch ☐ zu dunkel/zu stark ☐ zu hell/zu dünn ☐	☐ sorten-typisch ☐ zu dunkel/zu stark ☐ zu hell/zu dünn ☐	☐ sorten-typisch ☐ zu dunkel/zu stark ☐ zu hell/zu dünn ☐	☐ sorten-typisch ☐ zu dunkel/zu stark ☐ zu hell/zu dünn ☐
Rösche	☐ sorten-typisch ☐ grobsplittrig ☐ weich/pappig ☐	☐ sorten-typisch ☐ grobsplittrig ☐ weich/pappig ☐	☐ sorten-typisch ☐ grobsplittrig ☐ weich/pappig ☐	☐ sorten-typisch ☐ grobsplittrig ☐ weich/pappig ☐	☐ sorten-typisch ☐ grobsplittrig ☐ weich/pappig ☐
Ausbund	☐ sorten-typisch ☐ zu wild ☐ zu gering ☐	☐ sorten-typisch ☐ zu wild ☐ zu gering ☐	☐ sorten-typisch ☐ zu wild ☐ zu gering ☐	☐ sorten-typisch ☐ zu wild ☐ zu gering ☐	☐ sorten-typisch ☐ zu wild ☐ zu gering ☐
Krume	☐ sorten-typisch ☐ grobporig ☐ kaum bestreichbar ☐	☐ sorten-typisch ☐ grobporig ☐ kaum bestreichbar ☐	☐ sorten-typisch ☐ grobporig ☐ kaum bestreichbar ☐	☐ sorten-typisch ☐ grobporig ☐ kaum bestreichbar ☐	☐ sorten-typisch ☐ grobporig ☐ kaum bestreichbar ☐
Flechtung	☐	☐	☐	☐	☐

Zusammenfassendes Urteil – eventuelle Verbesserungsvorschläge:

Beurteilungsbogen für die **3. Prüfungsarbeit** in der praktischen Gesellenprüfung (Pflichtaufgabe)

→ Bitte benutzen Sie das Schema, das zu der jeweils möglichen Pflichtaufgabe passt.

Beurteilung von Backwarensnacks oder Partykleingebäcken (5 mögliche Sorten)

	Sorte 1	Sorte 2	Sorte 3	Sorte 4	Sorte 5
Form und Volumen	☐ sorten-typisch ☐ zu breit/zu flach ☐ zu klein ☐	☐ sorten-typisch ☐ zu breit/zu flach ☐ zu klein ☐	☐ sorten-typisch ☐ zu breit/zu flach ☐ zu klein ☐	☐ sorten-typisch ☐ zu breit/zu flach ☐ zu klein ☐	☐ sorten-typisch ☐ zu breit/zu flach ☐ zu klein ☐
Kruste und Bräunung	☐ sorten-typisch ☐ zu dunkel/zu stark ☐ zu hell/zu dünn ☐	☐ sorten-typisch ☐ zu dunkel/zu stark ☐ zu hell/zu dünn ☐	☐ sorten-typisch ☐ zu dunkel/zu stark ☐ zu hell/zu dünn ☐	☐ sorten-typisch ☐ zu dunkel/zu stark ☐ zu hell/zu dünn ☐	☐ sorten-typisch ☐ zu dunkel/zu stark ☐ zu hell/zu dünn ☐
Boden oder Gebäck-körper	☐ sorten-typisch ☐ zu hart/spröde ☐ weich/speckig ☐	☐ sorten-typisch ☐ zu hart/spröde ☐ weich/speckig ☐	☐ sorten-typisch ☐ zu hart/spröde ☐ weich/speckig ☐	☐ sorten-typisch ☐ zu hart/spröde ☐ weich/speckig ☐	☐ sorten-typisch ☐ zu hart/spröde ☐ weich/speckig ☐
Füllung oder Auflage	☐ sorten-typisch ☐ zu viel ☐ zu wenig ☐	☐ sorten-typisch ☐ zu viel ☐ zu wenig ☐	☐ sorten-typisch ☐ zu viel ☐ zu wenig ☐	☐ sorten-typisch ☐ zu viel ☐ zu wenig ☐	☐ sorten-typisch ☐ zu viel ☐ zu wenig ☐
Konsistenz	☐ sorten-typisch ☐ zu fließend ☐ zu trocken ☐	☐ sorten-typisch ☐ zu fließend ☐ zu trocken ☐	☐ sorten-typisch ☐ zu fließend ☐ zu trocken ☐	☐ sorten-typisch ☐ zu fließend ☐ zu trocken ☐	☐ sorten-typisch ☐ zu fließend ☐ zu trocken ☐

Zusammenfassendes Urteil – eventuelle Verbesserungsvorschläge:

Beurteilung von kleinen Gerichten (3 mögliche Sorten)

	Sorte 1	Sorte 2	Sorte 3	Bewertung/Verbesserungsvorschläge
Äußerer Eindruck	☐ sauber/ ansprechend ☐ unsauber ☐	☐ sauber/ ansprechend ☐ unsauber ☐	☐ sauber/ ansprechend ☐ unsauber ☐	
Anrichte-weise	☐ angemessen ☐ nicht angemessen ☐	☐ angemessen ☐ nicht angemessen ☐	☐ angemessen ☐ nicht angemessen ☐	
Portions-größe	☐ angemessen ☐ nicht angemessen ☐	☐ angemessen ☐ nicht angemessen ☐	☐ angemessen ☐ nicht angemessen ☐	
Konsistenz	☐ arttypisch ☐ zu weich/fließend ☐ zu fest/trocken ☐	☐ arttypisch ☐ zu weich/fließend ☐ zu fest/trocken ☐	☐ arttypisch ☐ zu weich/fließend ☐ zu fest/trocken ☐	
Geschmack und Würzung	☐ arttypisch ☐ überwürzt ☐ zu fade ☐	☐ arttypisch ☐ überwürzt ☐ zu fade ☐	☐ arttypisch ☐ überwürzt ☐ zu fade ☐	
Sonstiges	☐ ☐	☐ ☐	☐ ☐	

Beurteilungsbogen für die **4. Prüfungsarbeit** in der praktischen Gesellenprüfung (Wahlaufgabe)

→ Bitte benutzen Sie das Schema, das zu der jeweiligen Wahlaufgabe passt.

Beurteilung von Feinen Backwaren aus Teigen oder Massen (5 mögliche Sorten)

	Sorte 1	Sorte 2	Sorte 3	Sorte 4	Sorte 5
Form und Größe	☐ sorten-typisch ☐ unregelmäßig groß ☐ zu klein ☐	☐ sorten-typisch ☐ unregelmäßig groß ☐ zu klein ☐	☐ sorten-typisch ☐ unregelmäßig groß ☐ zu klein ☐	☐ sorten-typisch ☐ unregelmäßig groß ☐ zu klein ☐	☐ sorten-typisch ☐ unregelmäßig groß ☐ zu klein ☐
Kruste und Bräunung	☐ sorten-typisch ☐ zu dunkel/zu stark ☐ zu hell/zu dünn ☐	☐ sorten-typisch ☐ zu dunkel/zu stark ☐ zu hell/zu dünn ☐	☐ sorten-typisch ☐ zu dunkel/zu stark ☐ zu hell/zu dünn ☐	☐ sorten-typisch ☐ zu dunkel/zu stark ☐ zu hell/zu dünn ☐	☐ sorten-typisch ☐ zu dunkel/zu stark ☐ zu hell/zu dünn ☐
Aprikotur und Glasur	☐ sorten-typisch ☐ zu dick ☐ zu wenig ☐	☐ sorten-typisch ☐ zu dick ☐ zu wenig ☐	☐ sorten-typisch ☐ zu dick ☐ zu wenig ☐	☐ sorten-typisch ☐ zu dick ☐ zu wenig ☐	☐ sorten-typisch ☐ zu dick ☐ zu wenig ☐
Dekor und Füllung	☐ sorten-typisch ☐ unsauber ☐ zu wenig ☐ unangemessen ☐ ☐	☐ sorten-typisch ☐ unsauber ☐ zu wenig ☐ unangemessen ☐ ☐	☐ sorten-typisch ☐ unsauber ☐ zu wenig ☐ unangemessen ☐ ☐	☐ sorten-typisch ☐ unsauber ☐ zu wenig ☐ unangemessen ☐ ☐	☐ sorten-typisch ☐ unsauber ☐ zu wenig ☐ unangemessen ☐ ☐
Krume und Konsistenz	☐ sorten-typisch ☐ zu grob ☐	☐ sorten-typisch ☐ zu grob ☐	☐ sorten-typisch ☐ zu grob ☐	☐ sorten-typisch ☐ zu grob ☐	☐ sorten-typisch ☐ zu grob ☐

Zusammenfassendes Urteil – eventuelle Verbesserungsvorschläge:

Beurteilung einer Torte oder eines Formstücks

	Krem-Anschnitttorte	Sahnetorte	Formstück	Bewertung/Verbesserungsvorschläge
Äußerer Eindruck	☐ sauber/ ansprechend ☐ unsauber ☐	☐ sauber/ ansprechend ☐ unsauber ☐	☐ sauber/ ansprechend ☐ unsauber ☐	
Einstrich oder Abdeckung	☐ akkurat ☐ sorten-typisch ☐ ungleichmäßig ☐	☐ akkurat ☐ sorten-typisch ☐ ungleichmäßig ☐	☐ akkurat ☐ sorten-typisch ☐ ungleichmäßig ☐	
Garnierung und Dekor	☐ sorten-typisch ☐ nicht passend ☐ ungleichmäßig ☐	☐ sorten-typisch ☐ nicht passend ☐ ungleichmäßig ☐	☐ sorten-typisch ☐ nicht passend ☐ ungleichmäßig ☐	
Boden und Aufbau	☐ akkurat ☐ sorten-typisch ☐	☐ akkurat ☐ sorten-typisch ☐	☐ akkurat ☐ sorten-typisch ☐	
Füllung	☐ sorten-typisch ☐ zu viel ☐ zu wenig ☐	☐ sorten-typisch ☐ zu viel ☐ zu wenig ☐	☐ sorten-typisch ☐ zu viel ☐ zu wenig ☐	
Geschmack	☐	☐	☐	

Information: Fachgespräch als Teil der praktischen Gesellenprüfung

Als Teil der praktischen Prüfung müssen Sie ein Fachgespräch von 15 Minuten absolvieren.
In diesem Fachgespräch sollen Sie vor allem:
- die Vorgehensweise bei den praktischen Prüfungsarbeiten begründen;
- Kundenerwartungen an die Produkte Ihrer Prüfungsarbeiten nennen und daraus die Qualitätsmerkmale ableiten;
- im Hinblick auf die Prüfungsarbeiten darstellen, wie Sie Kundenaufträge annehmen und Kunden beraten können.

→ Sie absolvieren das Fachgespräch erfolgreich, wenn Sie sich inhaltlich darauf vorbereiten.

Aufgaben:

→ Notieren Sie sich Begründungen zur Vorgehensweise bei Ihren Prüfungsarbeiten.
z. B. „Ich lasse die Blätterteigstücke vor dem Abbacken eine gewisse Zeit abstehen, damit die Teiglinge sich entspannen und nicht schnurren."

→ Notieren Sie sich Stichworte zu Kundenerwartungen/Qualitätsmerkmalen für die Produkte Ihrer Prüfungsarbeiten.
z. B. „Das Sauerteigbrot soll einen aromatischen Geschmack haben."

→ Notieren Sie sich Verkaufsargumente für die Produkte Ihrer Prüfungsarbeiten.
z. B. „Die Tafelbrötchen eignen sich bestens als Beilage zu Suppen und ähnlichen warmen Speisen."

→ Notieren Sie sich Stichworte zu den eigenen Bewertungen Ihrer Prüfungsarbeiten.
z. B. „Die Plunderstückchen sind zu dunkel. Ich müsste sie kürzer backen oder die Backtemperatur verringern."

Information: Teil B der Gesellenprüfung im Ausbildungsberuf Bäcker/Bäckerin

Rechtliche Bestimmungen nach § 10 der Ausbildungsverordnung:

Prüfung in Teil B der Gesellenprüfung

In Teil B der Prüfung soll der Prüfling Aufgaben aus folgenden Prüfungsbereichen schriftlich bearbeiten:

1. Warenwirtschaft und Produktionstechnik von Backwaren und kleinen Gerichten,
2. Betriebswirtschaftliches Handeln,
3. Wirtschafts- und Sozialkunde.

In den Prüfungsbereichen

1. Warenwirtschaft und Produktionstechnik von Backwaren und kleinen Gerichten und
2. Betriebswirtschaftliches Handeln

sind insbesondere produktbezogene Problemstellungen mit verknüpften planerischen, technologischen, mathematischen und hygienebezogenen Sachverhalten zu analysieren, zu bewerten und Lösungswege darzustellen.

Für den Prüfungsbereich Wirtschafts- und Sozialkunde kommen Aufgaben, die sich auf praxisbezogene Fälle beziehen sollen, insbesondere aus folgenden Gebieten in Betracht:
Allgemeine wirtschaftliche und gesellschaftliche Zusammenhänge aus der Berufs- und Arbeitswelt.

Für den Teil B der Prüfung ist von folgenden zeitlichen Höchstwerten auszugehen:

1. Warenwirtschaft und Produktionstechnik von Backwaren und kleinen Gerichten: 180 Minuten,
2. Betriebswirtschaftliches Handeln: 120 Minuten,
3. Wirtschafts- und Sozialkunde: 60 Minuten.

Innerhalb des Teiles B der Prüfung sind die Prüfungsbereiche wie folgt zu gewichten:

1. Warenwirtschaft und Produktionstechnik von Backwaren und kleinen Gerichten: 50 %,
2. Betriebswirtschaftliches Handeln: 30 %,
3. Wirtschafts- und Sozialkunde: 20 %.

In Teil B der Prüfung ist auf Antrag des Prüflings oder nach Ermessen des Prüfungsausschusses die schriftliche Prüfung in den einzelnen Prüfungsbereichen durch eine mündliche Prüfung zu ergänzen, wenn diese für das Bestehen der Prüfung den Ausschlag geben kann.

Bei der Ermittlung der Ergebnisse für die mündlich geprüften Prüfungsbereiche sind die jeweiligen bisherigen Ergebnisse und die entsprechenden Ergebnisse der mündlichen Ergänzungsprüfung im Verhältnis 2 : 1 zu gewichten.

Erläuterungen

Prüfung in Teil B der Gesellenprüfung

Der Teil B (die theoretische Prüfung) der Gesellenprüfung gliedert sich in 3 Prüfungsbereiche.

In diesen 3 Prüfungsbereichen sind die Prüfungsarbeiten **schriftlich** zu bearbeiten. Eine *mündliche Ergänzungsprüfung* ist möglich, wenn sie für das Bestehen der Prüfung den Ausschlag geben kann (siehe unten).

In den ersten beiden Prüfungsbereichen sind *produktbezogene Problemstellungen* zu bearbeiten. Das heißt: Die Aufgaben müssen sich auf die zu vermittelnden Fertigkeiten und Kenntnisse beziehen (nach Ausbildungsrahmenplan der Ausbildungsverordnung und Rahmenlehrplan der Berufsschule).

Die Prüfungsaufgaben sollen sich auf übergreifende Sachverhalte beziehen. Eine Prüfung beispielsweise *nur mit Fragen aus der Technologie oder der Mathematik findet nicht statt.*

Für den Prüfungsbereich „Wirtschafts- und Sozialkunde" sind die Inhalte des betreffenden KMK-Beschlusses zu beachten. Darüber hinausgehende Inhalte dürfen nicht Gegenstand der Prüfung sein.

Für die *schriftlichen Prüfungen* ist insgesamt die Höchstzeit von 360 Minuten (= 6 Zeitstunden) festgelegt, die sich auf die 3 Prüfungsbereiche wie nebenstehend aufteilt.

Diese Zeiten müssen Ihnen zur Bearbeitung der Prüfungsfragen eingeräumt werden. Wenn Sie aber die Aufgaben in kürzerer Zeit lösen, können Sie Ihre Prüfungsarbeit vorzeitig abgeben.
Die Zeit für eine mögliche *mündliche Ergänzungsprüfung* wird *zusätzlich zu den aufgeführten Höchstzeiten* je Prüfungsbereich eingeräumt.

Die 3 Prüfungsbereiche haben für die Feststellung der Note in der schriftlichen Prüfung unterschiedliche Wertigkeit. Die erzielten Punkte werden im Verhältnis 5 : 3 : 2 gewichtet.
Beispiel: 80 Punkte bringen zur Ermittlung des Ergebnisses

- im ersten Prüfungsbereich: 80 x 5 = 400 Punkte,
- im zweiten Prüfungsbereich: 80 x 3 = 240 Punkte,
- im dritten Prüfungsbereich: 80 x 2 = 160 Punkte.

Das heißt: Der Punktwert im ersten Prüfungsbereich allein ist so viel wert wie die Punktwerte im zweiten und dritten Prüfungsbereich zusammen.

Eine mündliche Prüfung ist *keine Regelprüfung.*
Sie wird **nur als Ergänzungsprüfung** durchgeführt,

- wenn nach dem Ergebnis der schriftlichen Prüfung die Prüfung in Teil B **nicht bestanden** ist **und**
- wenn die mündliche Prüfung **für das Bestehen der Prüfung den Ausschlag** geben kann.

Die in der mündlichen Prüfung erreichten Punkte haben nur die Hälfte des Gewichts wie die Punkte der entsprechenden schriftlichen Prüfung.
(Beachten Sie bitte die ausführlichen Hinweise zur mündlichen Prüfung.)

Information: Allgemeine Regelungen zum schriftlichen Teil B der Gesellenprüfung

→ **Betrachten Sie zunächst, was in § 10 der Ausbildungsverordnung zum Teil B der Gesellenprüfung festgelegt ist.**

- Es gibt 3 Prüfungsbereiche, in denen Sie die Prüfungsaufgaben schriftlich lösen sollen.
- In den Prüfungsbereichen 1 und 2 sollen Sie produktbezogene Aufgabenstellungen lösen,
  - die verknüpft sind mit planerischen, technologischen, mathematischen und hygienebezogenen Sachverhalten,
  - die Sie analysieren, bewerten und mit Lösungswegen darstellen sollen.
- Im Prüfungsbereich 3 müssen Sie praxisbezogene Aufgaben mit wirtschaftlichen und gesellschaftlichen Fragestellungen aus der Berufs- und Arbeitswelt lösen (siehe: KMK-Beschluss zu den Elementen im Prüfungsbereich „Wirtschafts- und Sozialkunde" in gewerblich-technischen Ausbildungsberufen).

Welche Anforderungen ergeben sich demnach für die Prüfung in den ersten beiden Prüfungsbereichen?

- Die Anforderungen für die theoretische Gesellenprüfung müssen aus den Inhalten des Ausbildungsrahmenplans für alle 36 Monate der Ausbildung sowie aus dem Lehrstoff der Berufsschule für diesen Zeitraum abgeleitet sein. Laut Rahmenlehrplan der Berufsschule sind inhaltlich also *alle Lernfelder des berufsbezogenen Unterrichts* heranzuziehen.
- Beim *Lernfeldkonzept* ist es typisch, dass sich die Lernsituationen aus *konkreten beruflichen Handlungen* herleiten.
  Dem müssen auch die Aufgaben in der Gesellenprüfung entsprechen.
  Dabei sind *ganzheitliche berufliche Handlungen* zu Grunde zu legen.
  Das heißt: Die Aufgaben umfassen alle Schritte, vom *Planen* über das *Durchführen* bis hin zum *Bewerten*.
  Daraus ergeben sich folgende Grundfragen:
  - Was soll getan werden? .... Information
  - Wie ist bei der Arbeit vorzugehen? .... Planung
  - Welche Arbeitsschritte sind auszuführen und welche Maschinen und Geräte sind nötig? .... Organisation
  - Wird die Arbeit planungsgemäß ausgeführt? .... Durchführen
  - Ist die Arbeit fachgerecht ausgeführt worden? .... Kontrolle
  - Sind die Ziele und die angestrebte Qualität erreicht worden? .... Bewerten
- Die Aufgabenstellungen verknüpfen planerische, technologische, mathematische und hygienebezogene Sachverhalte.
  Beispielsweise ist die „Fachmathematik" *kein eigenständiger Prüfungsbereich*. Sie ist in Fragestellungen der ersten beiden Prüfungsbereiche eingeschlossen.
- Die Aufgabenstellungen in den beiden ersten Prüfungsbereichen können sich auf *alle Produkte der Bäckerei* beziehen.
  Sie unterscheiden sich allerdings in der Zielrichtung:
  - Im ersten Prüfungsbereich zielen die Fragestellungen schwerpunktmäßig auf das Planen, Durchführen und Kontrollieren von *Herstellungsabläufen für Backwaren und kleine Gerichte*.
  - Im zweiten Prüfungsbereich zielen die Fragestellungen schwerpunktmäßig auf *betriebswirtschaftliche Sachverhalte bei Herstellung und Verkauf von Backwaren und kleinen Gerichten* (z. B. Marketing, Zeit- und Kostenkalkulation).

Welche Aufgaben werden in der schriftlichen Gesellenprüfung gestellt?

- Die *Inhalte* ergeben sich aus den zu vermittelnden Fertigkeiten und Kenntnissen sowie aus dem Lehrstoff der Berufsschule.
- Das *Anspruchsniveau* der Aufgaben ergibt sich aus den oben genannten Anforderungen.
- Der *Umfang* der Aufgaben richtet sich nach der Bearbeitungszeit.

Welche Aufgabentypen sind üblich?

- Es gibt *Einzelfragen zur freien Beantwortung*, bei denen ausgewählte Inhalte und Anforderungen herangezogen werden.
  - Dafür finden Sie im Folgenden ein Arbeitsblatt.
- Es gibt *Projektaufgaben zur freien Beantwortung*, die in lösungs-lenkende Einzelfragen unterteilt sein können.
  - Dafür finden Sie im Folgenden ein Arbeitsblatt.
- Es gibt *Testfragen zur gebundenen Beantwortung*, die sich auf ausgewählte Inhalte und Anforderungen beziehen.
  - Dafür finden Sie im Folgenden einige Muster für Aufgabenstellungen.

→ Wählen Sie die Aufgabenstellungen aus, die Sie zur Übung bearbeiten möchten.

→ Schätzen Sie Ihren Leistungsstand ein, indem Sie Ihre Lösungen selbst bewerten.
  - Beachten Sie dazu die jeder Aufgabe zugewiesenen Punktzahlen.
  - Wenden Sie zur Gesamtbewertung Ihrer Aufgabenlösungen den 100-Punkte-Schüssel an.

100-Punkte-Schüssel:

sehr gut = 100–92 Punkte, gut = 91–81 Punkte, befriedigend = 80–67 Punkte
ausreichend = 66–50 Punkte, mangelhaft = 49–30 Punkte, ungenügend = 29–0 Punkte

Information: Regelungen zur mündlichen Prüfung im Teil B der Gesellenprüfung

Hinweise zur mündlichen Prüfung

→ **Lesen Sie zunächst, was in § 10 der Ausbildungsverordnung zum Teil B der Gesellenprüfung festgelegt ist.**

- Die mündliche Prüfung ist nicht die Regel. Sie wird nur als Ergänzungsprüfung durchgeführt.
  (Sie ist vom *Fachgespräch* unabhängig. Das Fachgespräch ist ein Pflichtbestandteil der praktischen Prüfung!)
- Die mündliche Ergänzungsprüfung wird nur durchgeführt, wenn sie *zum Bestehen der Prüfung führen* kann.
  (Sie darf nicht durchgeführt werden, um eine Note abzuklären, z. B. ob eine 3 oder 2 als Endnote erreichbar ist.)
- Die mündliche Ergänzungsprüfung wird *auf Antrag des Prüflings/nach Beschluss des Prüfungsausschusses* angesetzt. Sie kann sich auf alle drei Prüfungsbereiche erstrecken.
- Ob eine mündliche Ergänzungsprüfung durchgeführt wird und auf welche Prüfungsbereiche sie sich bezieht, entscheidet der Prüfungsausschuss.
- Der in der mündlichen Ergänzungsprüfung für einen Prüfungsbereich erreichte Punktwert hat nur die halbe Wertigkeit gegenüber dem Punktwert der schriftlichen Prüfung.
  Beispiel: Punkte (schriftlich): 45 x 2 = 90 Punkte
  dazu Punkte (mündlich): 60 x 1 = 60 Punkte
  ergibt zusammen: **150 Punkte** (150 : 3 = Durchschnitts-Punktzahl = 50)

→ **Tipps für die mündliche Prüfung**

- Es ist bestimmt belastend, wenn Ihnen mitgeteilt wird, dass Sie eine mündliche Ergänzungsprüfung absolvieren müssen, um die Prüfung bestehen zu können.
  Nehmen Sie diese Mitteilung aber nicht als Urteil hin, sondern als eine Chance!
- Überlegen Sie sich, in welchem Prüfungsbereich Sie die besten Chancen haben, eine erfolgreiche mündliche Prüfung abzulegen. Beachten Sie dabei auch die Wertigkeit der Ergebnisse in den 3 Prüfungsbereichen.
  (Also: dass der 1. Prüfungsbereich am höchsten gewichtet wird und Sie damit am besten ausgleichen können).
  Beantragen Sie beim Prüfungsausschuss, in welchen Prüfungsbereichen Sie die mündliche Prüfung ablegen wollen.
  Beachten Sie dabei auch, dass Sie *eventuelle ungenügende Leistungen der schriftlichen Prüfung* in einem Prüfungsbereich unbedingt mit der mündlichen Prüfung *ausgleichen* müssen, weil sonst die Prüfung nicht bestanden ist.
- Die mündliche Prüfung kann als *Einzelprüfung* oder auch in einer *Prüflings-Gruppe* durchgeführt werden.
  Die Einzelprüfung dauert im Allgemeinen etwa 20 Minuten (zusätzlich eventuell eine Zeit zur Vorbereitung).
  Die Gruppenprüfung dauert länger, je nach Zahl der teilnehmenden Prüflinge.
  Geben Sie beim Prüfungsausschuss auch an, ob Sie lieber allein oder lieber in der Gruppe geprüft werden möchten.
- Bereiten Sie sich *inhaltlich* auf die mündliche Prüfung vor.
  Dabei konzentrieren Sie sich selbstverständlich auf die Prüfungsbereiche, in denen Sie mündlich geprüft werden.
  Wählen Sie sich darin die Praxis-Theorie-Beispiele aus, über die Sie am besten mündlich berichten können
  (zum Beispiel: welche Brötchensorten Sie im Ausbildungsbetrieb herstellen und welche Abläufe dabei fachlich richtig und notwendig sind).
  So können Sie mit dem Prüfer in der mündlichen Prüfung ein Gespräch führen, und es kommt nicht zu Kolonnen von Einzelfragen und Antworten darauf.
  Wenn Sie gut mit einem Kollegen/mit einer Kollegin lernen können, dann üben Sie ein solches Prüfungsgespräch inhaltlich.
  Wenn man nämlich über Inhalte spricht, prägt man sich diese besser ein.
- Bereiten Sie sich *mental* auf die mündliche Prüfung vor (so wie das ein Sportler auch für den Wettkampf tut).
  Lassen Sie sich von Angstgefühlen nicht total blockieren.
  Bleiben Sie gelassen: Es geht hier nicht um Bestleistungen – das Ergebnis „Bestanden" genügt Ihnen.
  Angstgefühle oder Nervosität hemmen Ihre Leistungsfähigkeit. Machen Sie sich klar, wann und warum Ihnen dies passiert.
  Entspannen Sie sich gezielt (wenn Sie solche Übungen beherrschen) oder holen Sie drei Mal tief Luft.
  Medikamente, Alkohol oder Drogen sind keine Mittel, um Nervosität und Angst vor der Prüfung abzubauen!
  Trainieren Sie Ihre Selbstsicherheit durch einen geregelten Tagesablauf, körperliche Bewegung, gesunde Ernährung, genügend Schlaf und ausgleichende Freizeitbeschäftigung mit guten Freunden – wie auch sonst immer.
- Stellen Sie sich in der mündlichen Prüfung *mental* auf die Prüfer ein. Behalten Sie Augenkontakt zu den Prüfern und nehmen Sie eine selbstbewusste Körperhaltung ein. Das sorgt auch unbewusst für guten Kontakt untereinander und baut eventuelle persönliche Vorurteile ab.
  Fragen Sie unbedingt nach, wenn Sie eine Frage nicht verstanden haben. Bleiben Sie mit den Prüfern im Gespräch, und vermeiden Sie das „große Schweigen". Bleiben Sie aktiv: Denken Sie auch laut nach, um zu einer Lösung zu gelangen. Das zeigt den Prüfern, dass Sie sich mit der Thematik auseinandersetzen – und das ist schon positiv!
  Wenn Sie sich sprachlich verhaspeln oder zittrig sprechen, ist das kein Problem.
  Erfahrene Prüfer wissen, dass Prüflinge in der mündlichen Prüfung nervös sind.

→ **Und nun viel Erfolg!**

Aufgabensammlung für die schriftliche Gesellenprüfung

– Warenwirtschaft und Produktionstechnik von Backwaren und kleinen Gerichten –

1. Gebäcke aus Feinteigen herstellen

DIGITAL+

Aufgabe 1:

Sie sollen Dänischen Plunderteig herstellen und zu Plunderstückchen aufarbeiten.
Beschreiben Sie kurz, wie Sie dabei fachgerecht umgehen.

Aufgabe 2:

Erklären Sie vergleichend die Art der Lockerung von Blätterteiggebäcken bzw. Plundergebäcken.

- Blätterteiggebäcke:
- Plundergebäcke:

Aufgabe 3:

Bei der Qualitätsbeurteilung von Plundergebäck stellen Sie folgenden Gebäckmangel fest:
Die Plunderstücke haben eine feinporige Krume ohne die erwünschte Schichtung.
Nennen Sie zwei mögliche Ursachen für diesen Gebäckmangel.

1.

2.

Aufgabe 4:

Sie stellen einen Teig für Braune Lebkuchengebäcke her.
Durch welche typischen Merkmale unterscheidet sich der Lebkuchenteig von einem Hefefeinteig?

Aufgabe 5:

Sie sollen Braune Lebkuchengebäcke und Oblatenlebkuchen unterscheiden.

a) Nennen Sie zwei Beispiele für Braune Lebkuchengebäcke.

b) Nennen Sie zwei Beispiele für Oblatenlebkuchen.

c) Erklären Sie kurz, wodurch sich Oblatenlebkuchen von Braunen Lebkuchen unterscheiden.

Aufgabensammlung für die schriftliche Gesellenprüfung

– Warenwirtschaft und Produktionstechnik von Backwaren und kleinen Gerichten –

2. Sauerteige führen

DIGITAL+

Aufgabe 1:

Zum Führen eines Sauerteigs benötigen Sie ein Anstellgut (= eine Starterkultur).
Nennen Sie drei Möglichkeiten, mit denen Sie ein geeignetes Anstellgut erhalten.

Aufgabe 2:

Als Gärungsprodukte eines Sauerteigs sind im Wesentlichen verschiedene Säuren erwünscht.

a) Nennen Sie die erwünschten Säuren im Sauerteig sowie ihre optimalen Anteile am Säuregrad des Sauerteigs.

b) Erklären Sie, mit welchen Führungsbedingungen des Sauerteigs Sie die Bildung dieser Säuren jeweils fördern.

Aufgabe 3:

Sie führen einen mehrstufigen Sauerteig.
Dabei wollen Sie erreichen, dass eine Sauerteigstufe in kürzerer Zeit reif ist als sonst üblich.
Nennen Sie drei Maßnahmen, mit denen Sie die Reifung einer Sauerteigstufe beschleunigen können.

Aufgabe 4:

Zur Herstellung roggenhaltiger Brotteige können Sie verschiedene einstufige Sauerteige nutzen.

a) Erklären Sie, warum man mit nur einer Sauerteigstufe einen geeigneten Sauerteig gewinnen kann.

b) Nennen Sie vier Vorteile der einstufigen Sauerteigführung.

Aufgabe 5:

Ein reifer Sauerteig hat eine gewisse Abstehtoleranz.

a) Erklären Sie den Fachbegriff Abstehtoleranz des Sauerteigs.

b) Nennen Sie zwei Maßnahmen zur Lagerung eines reifen Sauerteigs, ohne dass der Sauerteig überreif wird.

Aufgabensammlung für die schriftliche Gesellenprüfung

– Warenwirtschaft und Produktionstechnik von Backwaren und kleinen Gerichten –

3. Roggenhaltige Brote herstellen

DIGITAL+

Aufgabe 1:

Den Teig für Roggenbrote kneten Sie kürzer und nicht so intensiv wie einen Teig für Weizenbrötchen.
Begründen Sie, warum Sie den Brotteig nicht so intensiv kneten müssen.

Aufgabe 2:

Vor dem Aufarbeiten erhalten roggenhaltige Brotteige eine Teigruhe.

a) Erklären Sie, welchen Zielen die Teigruhe dient.

b) Nennen Sie beispielhaft Bedingungen, nach denen Sie die Zeitdauer der Teigruhe bemessen.

Aufgabe 3:

Beim Aufarbeiten des Brotteigs beachten Sie die Teigeinlage je Sück.
Erklären Sie, was „Teigeinlage" bedeutet und wovon ihre Höhe abhängig ist.

Aufgabe 4:

Beim Backvorgang wird aus dem gärenden Brotteig ein verdauliches und haltbares Brot.
Beschreiben Sie die Vorgänge, durch die sich beim Backvorgang die stabile Brotkrume bildet.

Aufgabe 5:

Beim Backvorgang erhält das Brot eine Kruste.

a) Beschreiben Sie kurz, wie sich beim Backvorgang die Brotkruste bildet.

b) Begründen Sie, warum eine gut ausgeprägte Brotkruste wichtig ist.

Aufgabensammlung für die schriftliche Gesellenprüfung

– Warenwirtschaft und Produktionstechnik von Backwaren und kleinen Gerichten –

4. Gebäcke aus Massen herstellen

DIGITAL+

Aufgabe 1:

Es gibt „leichte Schaummassen" und „schwere Schaummassen".

a) Unterscheiden Sie diese Massen nach ihren Anteilen der Zutaten.

b) Nennen Sie Beispiele, wofür man leichte bzw. schwere Schaummasse verwendet.

Aufgabe 2:

Sie stellen eine Biskuitmasse auf herkömmliche Art her (= ohne Fertigmischung).

a) Nennen Sie die Grundzutaten für Biskuitmasse.

b) Beschreiben Sie, wie Sie eine leichte Biskuitmasse im Zwei-Kessel-Verfahren herstellen.

Aufgabe 3:

Sie stellen Sandtorten aus schwerer Rührmasse her.

a) Nennen Sie ein Grundrezept für Sandtorten aus schwerer Rührmasse.

b) Beschreiben Sie, wie Sie beim Backen von Sandtorten dafür sorgen, dass ein guter Ausbund entsteht.

Aufgabe 4:

Aus Rührmassen stellt man auch Englische Kuchen und Amerikaner her.
Nennen Sie die Besonderheiten der Massen für diese Gebäcke im Unterschied zu einer üblichen Sandmasse.

Aufgabe 5:

Um ein optimales Volumen der Gebäcke zu erzielen, muss man die Rührmasse gut emulgieren.

a) Erklären Sie, was Sie machen, um die Rührmasse gut zu emulgieren.

b) Erklären Sie das „Litergewicht" als Maß für das Aufschlagvolumen der Rührmasse.

Aufgabensammlung für die schriftliche Gesellenprüfung

– Warenwirtschaft und Produktionstechnik von Backwaren und kleinen Gerichten –

5. Torten und Desserts herstellen

DIGITAL+

Aufgabe 1:

Sie sollen eine Linzer Torte herstellen.
Nennen Sie die typischen Zutaten, und beschreiben Sie die Herstellung der Linzer Torte.

Aufgabe 2:

Als Füllkrem für Kremtorten können Sie Deutsche Krem oder Französische Krem einsetzen.

a) Nennen Sie die Zusammensetzung der Deutschen Krem, und beschreiben Sie kurz die Herstellung.

b) Nennen Sie die Zusammensetzung der Französischen Krem, und beschreiben Sie kurz die Herstellung.

Aufgabe 3:

Sie wollen eine Torte als „Butterkremtorte" anbieten.
Welche rechtlichen Anforderungen für die Bezeichnung „Butterkrem" müssen Sie erfüllen?

Aufgabe 4:

Man unterscheidet „Sahnetorten" und „Sahnekremtorten".

a) Nennen Sie die rechtlichen Anforderungen für die Bezeichnung „Sahnetorte".

b) Nennen Sie die rechtlichen Anforderungen für die Bezeichnung „Sahnekremtorte".

Aufgabe 5:

Sie sollen Schlagsahne zum Füllen einer Sahnetorte zubereiten.

a) Nennen Sie hygienische Grundsätze für den Umgang mit Schlagsahne.

b) Erklären Sie kurz, wie Sie Schlagsahne binden, damit sie kein Wasser absetzt und schnittfest bleibt.

Aufgabensammlung für die schriftliche Gesellenprüfung

– Warenwirtschaft und Produktionstechnik von Backwaren und kleinen Gerichten –

6. Kleine Speisen herstellen

DIGITAL+

Aufgabe 1:

Sie sollen Rohkostsalate herstellen.

a) Nennen Sie dafür drei geeignete Salatsorten.

b) Nennen Sie die Zutaten für zwei Marinaden, die für Rohkostsalate üblich sind.

Aufgabe 2:

Sie stellen neben Rohkostsalaten auch andere Salate her.
Nennen Sie vier Beispiele für Salatangebote, die *nicht* zu den Rohkostsalaten gehören.

Aufgabe 3:

Sie sollen klare und gebundene Suppen unterscheiden.

a) Nennen Sie ein Beispiel für eine klare Suppe, und beschreiben Sie diese Suppe mit ihren typischen Merkmalen.

b) Nennen Sie ein Beispiel für eine gebundene Suppe, und beschreiben Sie diese Suppe mit ihren typischen Merkmalen.

Aufgabe 4:

Sie stellen Eierspeisen als Frühstücksangebot sowie als kleine Gerichte her.
Nennen Sie je zwei Beispiele für Frühstücksangebote und als kleine Gerichte aus Eiern.

Aufgabe 5:

Sie sollen Aufläufe und Gratins unterscheiden.

a) Nennen Sie ein Beispiel für einen Auflauf, und beschreiben Sie diesen Auflauf mit seinen typischen Merkmalen.

b) Nennen Sie ein Beispiel für ein Gratin, und beschreiben Sie dieses Gratin mit seinen typischen Merkmalen.

Arbeitsblatt: Beispiele für Einzelfragen im 1. Prüfungsbereich der Gesellenprüfung (Blatt 1)

Aufgaben:

DIGITAL+

1. **Sie stellen Roggenmischbrote her und verwenden dazu einen Sauerteig.** *(20 Punkte)*
   a) Warum ist es nötig, bei der Herstellung roggenhaltiger Brote einen Sauerteig zu führen?
   b) Durch welche Führungsmaßnahmen können Sie die Reifung des Sauerteigs steuern?
   c) Geben Sie mindestens 3 Führungsmerkmale der Detmolder Einstufenführung an.
   d) Woran können Sie erkennen, dass ein mehrstufiger Sauerteig reif ist?

2. **Sie backen Weizenbrote ab.** *(20 Punkte)*
   a) Welche Wirkungen soll die Schwadengabe zu Beginn des Backvorgangs haben?
   b) Durch welche Vorgänge ist der Ofentrieb begründet?
   c) Welche stofflichen Veränderungen bewirken die Krumenbildung?
   d) Welche stofflichen Veränderungen bewirken die Krustenbildung?

3. **Sie stellen Blätterteig her.** *(20 Punkte)*
   a) Unterscheiden Sie die Herstellung nach der „Deutschen Methode" und nach der „Französischen Methode".
   b) Beschreiben Sie das Tourieren von Blätterteig nach der „Deutschen Methode".
   c) Beschreiben Sie den Lockerungsvorgang von Blätterteig beim Backen.
   d) Nennen Sie Qualitätsanforderungen an gefüllte Blätterteigstücke (wie Apfeltaschen).

Arbeitsblatt: Beispiele für Einzelfragen im 1. Prüfungsbereich der Gesellenprüfung (Blatt 2)

Aufgaben: (Fortsetzung)

4. **Sie sollen Berliner Pfannkuchen herstellen.** *(20 Punkte)*
   a) Nennen Sie dafür ein geeignetes Grundrezept (ohne Fertigmischung).
   b Erklären Sie, durch welche Maßnahmen Sie eine gute Gärstabilität des Teiges für Berliner Pfannkuchen erzielen.
   c) Beschreiben Sie den Backvorgang der Berliner Pfannkuchen im Fettbackgerät.
   d) Nennen Sie die Einrichtungen und Maßnahmen zur Unfallverhütung bei der Arbeit am Fettbackgerät.

5. **Sie sollen eine Schwarzwälder Kirschtorte herstellen (als Sahnetorte).** *(20 Punkte)*
   a) Nennen Sie die Zutaten und beschreiben Sie den Aufbau der Schwarzwälder Kirschtorte.
   b) Erklären Sie, wie Sie die Sahnezubereitung herstellen und binden.
   c) Führen Sie die Maßnahmen auf, die Sie zur Gewährleistung der Produktsicherheit beachten müssen.
   d) Berechnen Sie die Kosten für 24 Minuten Herstellungszeit bei einem Stundenkostensatz von 54,00 €.

Arbeitsblatt: Beispiel für eine Projektaufgabe im 1. Prüfungsbereich der Gesellenprüfung (Blatt 1)

Situationsbeschreibung:
Neben allgemein üblichen Brotsorten bieten Sie in Ihrem Betrieb auch Spezialbrote an.
Sie sollen verschiedene Spezialbrote herstellen und die besonderen Merkmale dieser Brotsorten erzielen.

DIGITAL+

Aufgaben:

1. Einige Spezialbrotsorten müssen mit Vollkornmahlerzeugnissen hergestellt werden. *(10 Punkte)*
   Nennen Sie **Spezialbrote aus Vollkornmahlerzeugnissen;** beschreiben Sie eine dieser Brotsorten.

2. Sie stellen ein rustikales Roggenmischbrot her, das Sie als „Holzofenbrot" anbieten wollen. *(10 Punkte)*
   Welche Anforderungen müssen Sie erfüllen, um das Brot als **Holzofenbrot** bezeichnen zu können?

3. Sie bieten auch Pumpernickel an. *(10 Punkte)*
   Welche speziellen Merkmale muss **Pumpernickel** erfüllen?

4. Sie sollen „Maisbrot" herstellen. *(10 Punkte)*
   a) Welche Anforderungen muss **Maisbrot** in der Zusammensetzung erfüllen?
   b) Was müssen Sie in backtechnischer Hinsicht bei der Verarbeitung von Maismehl zu Brot beachten?

5. Sie sollen „Leinsamenbrot" herstellen. *(10 Punkte)*
   a) Welche Anforderungen muss **Leinsamenbrot** in der Zusammensetzung erfüllen?
   b) Was müssen Sie in backtechnischer Hinsicht bei der Verarbeitung von Leinsamen zu Brot beachten?

Arbeitsblatt: Beispiel für eine Projektaufgabe im 1. Prüfungsbereich der Gesellenprüfung (Blatt 2)

Aufgaben: (Fortsetzung)

DIGITAL+

6. **Sie sollen die Zutaten für „Quarkbrot" aus 20,000 kg Mehl berechnen.** *(10 Punkte)*
Errechnen Sie die folgenden Zutatenmengen, wenn Sie auf die Gesamtmehlmenge bezogen verarbeiten sollen:

Erforderliche Nebenrechnungen bitte auf der Rückseite dieses Blattes aufführen.

15,0 % Speisequark	________ kg Speisequark
5,0 % Süßmolkepulver	________ kg Süßmolkepulver
3,0 % Mischbackmittel	________ kg Mischbackmittel
4,0 % Backhefe	________ kg Backhefe
1,8 % Kochsalz	________ kg Kochsalz

7. **Sie stellen Spezialbrot mit einem Zusatz an Milcherzeugnissen her.** *(10 Punkte)*
a) Erklären Sie an einem Beispiel, welche backtechnischen Wirkungen der Zusatz an Milcherzeugnissen hat.
b) Geben Sie an, was Sie einer Kundin über den Nährwert von Brot mit Milcherzeugnissen sagen können.

____

____

____

____

8. **Sie stellen Spezialbrot als ballaststoffangereichertes Brot her.** *(10 Punkte)*
a) Erklären Sie an einem Beispiel, wie Sie ein Brot mit Ballaststoffen anreichern können.
b) Stellen Sie dar, was Sie einer Kundin über die Ernährungs-Wirkungen von Ballaststoffen sagen können.

____

____

____

____

9. **Sie wollen ein glutenfreies Spezialbrot für die Ernährung bei Zöliakie herstellen.** *(10 Punkte)*
a) Welche Getreidesorten müssen Sie bei der Herstellung dieser Brotsorte vermeiden?
b) Führen Sie Beispiele für die Rohstoffe auf, die Sie als Ersatz für glutenhaltige Getreideprodukte einsetzen.

____

____

____

____

10. **Sie sollen ein Vierkornbrot mit der Gesamtmehlmenge 60,000 kg herstellen.** *(10 Punkte)*
a) Errechnen Sie die Aufteilung der Getreideprodukte, wenn Sie verarbeiten sollen:

Erforderliche Nebenrechnungen bitte auf der Rückseite dieses Blattes aufführen.

50 % Roggenmehl	________ kg Roggenmehl
20 % Weizenmehl	________ kg Weizenmehl
15 % Roggenbackschrot	________ kg Roggenbackschrot
10 % Reismehl	________ kg Reismehl
5 % Haferflocken	________ kg Haferflocken

b) Errechnen Sie die Zutaten für ein Quellstück aus Roggenbackschrot, Reismehl, Haferflocken und Wasser bei einer Teigausbeute von 200 für das Quellstück.

____

c) Errechnen Sie die Zutaten für den Sauerteig aus 50 % des Roggenmehlanteils mit der Teigausbeute 180.

____

Nebenrechnungen zu Aufgabe 6:

Nebenrechnungen zu Aufgabe 10:

Information: Situationsaufgaben in Testform in der Gesellenprüfung

Beachten Sie zur Bearbeitung und Bewertung dieser Aufgaben die folgenden Hinweise:

1. Die Aufgaben lösen Sie durch Ankreuzen vorgegebener Antworten.
   Die Kreuze für Ihre Lösungen setzen Sie dazu in die Kästchen direkt neben der jeweiligen Aufgabe.

2. Die einem Aufgabenblock vorangestellte **Situationsbeschreibung** stellt den Zusammenhang der beruflichen Handlung für mehrere Aufgaben her.
   Diese Situationsbeschreibung können Sie als Lösungshilfe nutzen.

3. Den einzelnen Aufgaben sind mehrere mögliche Antworten zugeordnet.
   In jeder Aufgabe ist *mindestens eine vorgegebene Antwort* richtig.
   Es gibt aber auch Aufgaben, in denen *zwei oder drei Antworten* zutreffen.

   Über die Anzahl der richtigen Lösungen je Aufgabe erhalten Sie Hinweise, zum Beispiel:
   – durch konkrete Angabe der Zahl richtiger Lösungen (z. B. „Welche zwei ....“),
   – durch Formulierung der Frage in Einzahl oder Mehrzahl (z. B. „Welche Ursache ist ...“),
   – durch Frage nach der logisch eindeutigen Antwort (z. B. „Wie ist die hellste Weizenmehltype ...“).

   Beachten Sie außerdem, dass pro Aufgabe *niemals mehr als die Hälfte der Antwortvorgaben richtig* sind.

4. Kreuzen Sie in jeder Aufgabe die von Ihnen als richtig erkannten Antworten an,
   zum Beispiel so:
   Sie sollen Weizenmehle nach ihrer Eignung für die Backwarenherstellung unterscheiden.
   Welche Weizenmehltype ist für die Herstellung von Brötchen am besten geeignet?

   A) Type 405 — A
   B) Type 550 — ☒ B
   C) Type 812 — C
   D) Type 1050 — ■

   Wenn Sie beim Lösen einer Aufgabe ein Kreuz falsch gesetzt haben und dieses verbessern möchten,
   dann können Sie das folgendermaßen korrigieren:
   – Füllen Sie das falsch markierte Feld voll aus (wie oben bei der **Antwort D**).
   – Kreuzen Sie nun die als richtig geltende Antwort neu an (wie oben bei **Antwort B**).

5. Bevor Sie ein Lösungskästchen ankreuzen, sollten Sie genau überlegen, was die Aufgabenstellung fordert.
   Kontrollieren Sie immer nach dem Ankreuzen nochmals Ihre Lösung im Zusammenhang mit der Aufgabenstellung.

6. Für das Erkennen einer richtigen Antwort erhalten Sie *einen Pluspunkt je Lösungskreuz.*
   Für das Ankreuzen falscher Antworten erhalten Sie Minuspunkte.

   Diese Minuspunkte werden *innerhalb einer Aufgabe* mit den erreichten Pluspunkten verrechnet.
   Plus- und Minuspunkte aus den Antwortvorgaben einer Aufgabe heben sich gegenseitig auf.
   Überzählige Minuspunkte in einer Aufgabe werden aber *nicht* mit den Pluspunkten anderer Aufgaben verrechnet.

   Als Mindestergebnis je Aufgabe erhalten Sie also 0 Punkte (kein Minusergebnis).
   Kreuzen Sie daher in jedem Fall in einer Aufgabe mindestens eine vorgegebene Antwort an.

7. Den bearbeiteten Aufgabensatz können Sie einfach mit Hilfe der Lösungen in den Medialinks bewerten.
   Sie gelangen zu den Lösungen für die Testaufgaben durch den Link auf der folgenden Seite.
   Die jeweils richtige Lösung ist mit dem Buchstaben der Antwort-Zeile aufgeführt, zum Beispiel: **B**.

8. Der Aufgabensatz mit Situationsaufgaben in Testform ist so zusammengestellt, dass er 50 richtige Lösungen enthält.
   Durch Ankreuzen aller möglichen richtigen Lösungen können Sie also 50 Punkte erreichen.
   Die erreichte Punktzahl wird für das Prüfungsergebnis auf das 100-Punkte-System bezogen,
   zum Beispiel so:
   – 43 von 50 Punkten erreicht,
   – 43 x 2 = 86 Punkte (bezogen auf 100 Punkte),
   – 86 Punkte = gute Leistung.

Und nun viel Erfolg beim Lösen der Situationsaufgaben in Testform!

Arbeitsblatt: Situationsaufgaben in Testform im Prüfungsbereich 1 der Gesellenprüfung (Blatt 1)

Themenfeld: Herstellen von speziellen Kleingebäcken

DIGITAL+

Situationsbeschreibung:
Zum täglichen Kleingebäck-Sortiment Ihres Betriebs gehören verschiedene spezielle Kleingebäcke. Sie sollen solche Gebäcke herstellen, dabei die rechtlichen Vorgaben sowie die Kundenerwartungen erfüllen.

1. **Sie sollen Kleingebäcke herstellen, die Sie als „Roggenbrötchen" anbieten können. Welche Vorausetzungen müssen Sie bei der Herstellung von „Roggenbrötchen" erfüllen?**
   - A) Roggenbrötchen müssen mit Vollkornmehl hergestellt werden. [A]
   - B) Roggenbrötchen müssen mindestens 50 % der Getreideprodukte als Roggenmahlerzeugnisse enthalten. [B]
   - C) Roggenbrötchen mit hohem Roggenanteil sollten mit einem Zusatz von Sauerteig hergestellt werden. [C]
   - D) Roggenbrötchen mit einem Backschrotanteil sollten kürzer gebacken werden als helle Weizenbrötchen. [D]

2. **Sie stellen Dinkelbrötchen her. Welche Aussagen über Dinkelbrötchen sind richtig?**
   - A) Dinkelbrötchen müssen mindestens 90 % der Getreidemahlprodukte als Dinkelprodukte enthalten. [A]
   - B) Dinkelbrötchen müssen ohne Zusatz von Kochsalz hergestellt werden. [B]
   - C) Dinkelbrötchen sind für die Diät mit glutenfreien Backwaren geeignet. [C]
   - D) Dinkelbrötchen sind sehr bekömmlich. [D]

3. **Sie stellen Vollkorn- und Schrotbrötchen her. Dabei sollen Sie ein ansprechendes Volumen und gute Krumeneigenschaften der Gebäcke erzielen. Durch welche Maßnahmen erreichen Sie diese Ziele?**
   - A) Durch die Zugabe von etwas Fett zum Teig [A]
   - B) Durch eine hohe Teigtemperatur und warme Teigführung [B]
   - C) Durch eine verlängerte Teigruhe zur Nachquellung [C]
   - D) Durch das Backen mit voller Gärreife und verkürzter Backzeit [D]

4. **Sie stellen verschiedene Arten von Mehrkornbrötchen her. Sie sollen diese Spezialbrötchen mit ihren typischen Merkmalen unterscheiden. Welche Aussagen über die folgenden Mehrkornbrötchen sind richtig?**
   - A) **Dreikornbrötchen** müssen neben Roggen/Weizen mindestens eine Nichtbrotgetreideart enthalten. [A]
   - B) **Vierkornbrötchen** müssen Mahlerzeugnisse aus vier Nichtbrotgetreidearten enthalten. [B]
   - C) **Mehrkorn-Vollkornbrötchen** müssen als Getreideanteile mindestens 90 % Vollkornprodukte enthalten. [C]
   - D) **Haferkornbrötchen** müssen ausschließlich Mahlprodukte des Hafers enthalten. [D]

5. **Sie stellen Laugengebäcke her. Bei der Arbeit mit Lauge müssen Sie den Gesundheits- und Umweltschutz beachten. Welche Regeln für den Umgang mit Lauge müssen Sie beachten?**
   - A) Lauge unverdünnt mit 36 %iger Konzentration verwenden [A]
   - B) Lauge aus Kunststoffkanister in Glasflaschen umfüllen [B]
   - C) Verätzungen von Haut und Augen durch Lauge verhindern [C]
   - D) Schutzkleidung beim Arbeiten mit Lauge tragen [D]
   - E) Reste der Lauge über Kanalisation entsorgen [E]

Arbeitsblatt: Situationsaufgaben in Testform im Prüfungsbereich 1 der Gesellenprüfung (Blatt 2)

Themenfeld: Herstellen von Siedegebäcken

Situationsbeschreibung:
Als Saisongebäcke zur Winterzeit stellen Sie in Ihrem Betrieb verschiedene Siedegebäcke her.
Sie sollen Siedegebäcke aus Hefeteig auf herkömmliche Art herstellen und die Kundenerwartungen erfüllen.

6. **Neben Berliner Pfannkuchen können Sie weitere Siedegebäcke aus Hefefeinteig herstellen. Welche Siedegebäcke stellt man üblicherweise aus Hefefeinteig her?**

A) Apfelballen — A
B) Spritzkuchen — B
C) Mutzenmandeln — C
D) Donuts — D
E) Fassnachtsküchle — E

7. **Beim Kauf von Berliner Pfannkuchen erwarten die Kunden bestimmte Qualitätsmerkmale. Welche zwei der folgenden Qualitätsmerkmale werden speziell bei Berliner Pfannkuchen erwartet?**

A) Gutes Volumen mit hellem, ungebräuntem Kragen — A
B) Kräftige Kruste mit guter Rösche — B
C) Hoher Nährwert mit großem Fettanteil — C
D) Zarte Krume mit kurzem Biss — D
E) Lange Frischhaltung mit Schutz vor Schimmel — E

8. **Sie sollen einen Teig für Berliner Pfannkuchen herstellen (ohne Verwendung von Fertigmischungen). Um die gewünschten Teig- und Gebäckeigenschaften zu erzielen, müssen Sie Vollei und Eidotter in fachgerechter Menge verwenden. Wie viel Vollei und Eidotter verarbeiten Sie fachgerecht je 1000 g Weizenmehl?**

A) Etwa 50 g Vollei und 25 g Eidotter — A
B) Etwa 75 g Vollei und 35 g Eidotter — B
C) Etwa 150 g Vollei und 35 g Eidotter — C
D) Etwa 250 g Vollei und 75 g Eidotter — D

9. **Sie wollen einen Teig für Berliner Pfannkuchen mit guter Gärstabilität herstellen. Mit welchen Maßnahmen erreichen Sie eine gute Gärstabilität des Berliner Pfannkuchenteigs?**

A) Verwendung einer hohen Backhefemenge zum Teig — A
B) Zusatz von Malzmehl zum Teig — B
C) Führung mit Vorteig — C
D) Intensive Teigknetung mit „Schlagen" des Teiges — D
E) Feste Führung des Teiges mit geringer Teigausbeute — E
F) Ausgedehnte Teigruhezeiten mit mehrmaligem Durchstoßen des Teiges — F

10. **Sie sollen Berliner Pfannkuchen im Fettbackgerät backen. Dabei sollten Sie die Backtemperatur des Siedefetts zwischen 170 °C und 180 °C einstellen. Aus welchen Gründen sollten Sie diesen Bereich für die Siedefett-Temperatur nicht überschreiten?**

A) Weil sonst die Teiglinge der Berliner Pfannkuchen untertauchen und nicht im Fettbad schwimmen — A
B) Weil sonst die Teiglinge der Berliner Pfannkuchen zu schnell bräunen und nicht richtig durchbacken — B
C) Weil sich sonst eine zu unruhige Krumenporung bei den Berliner Pfannkuchen ausbildet — C
D) Weil sich sonst zu viel Acrylamid in der Gebäckkruste der Berliner Pfannkuchen bilden kann — D

Arbeitsblatt: Situationsaufgaben in Testform im Prüfungsbereich 1 der Gesellenprüfung (Blatt 3)

Themenfeld: Herstellen von Stollen

Situationsbeschreibung:
In Ihrem Betrieb stellen Sie Stollen her und bieten diese als „Stollen in handwerklicher Meisterqualität" an.
Sie sollen verschiedene Stollenarten herstellen und dabei die Qualitätsanforderungen erfüllen.

11. **Sie sollen einen Teig für schwere Butterstollen herstellen.**
Welche Zusammenstellung der Grundzutaten ist dafür fachgerecht (bezogen auf 1000 g Weizenmehl)?

A) 150 g Butter, 150 g Zucker, 500 g Milch, 60 g Backhefe, 10 g Kochsalz — A
B) 250 g Butter, 200 g Zucker, 350 g Milch, 80 g Backhefe, 10 g Kochsalz — B
C) 500 g Butter, 125 g Zucker, 280 g Milch, 60 g Backhefe, 10 g Kochsalz — C
D) 750 g Butter, 150 g Zucker, 480 g Milch, 80 g Backhefe, 10 g Kochsalz — D

12. **Sie sollen „Mandelstollen" herstellen.**
Welche zwei lebensmittelrechtlichen Anforderungen müssen Sie für „Mandelstollen" erfüllen?

A) Ich muss mindestens 50 kg Butter auf 100 kg Getreidemahlerzeugnisse verarbeiten. — A
B) Ich muss mindestens 20 kg Mandeln auf 100 kg Getreidemahlerzeugnisse verarbeiten. — B
C) Ich darf außer Butter oder Butterreinfett kein anderes Fett zum Teig verwenden. — C
D) Ich darf keine Persipanrohmasse als Zugabe für den Teig verwenden. — D

13. **Sie stellen einen Teig für schwere Stollen her.**
Welche Arbeitsregeln sollten Sie zur fachgerechten Bereitung des Stollenteigs beachten?

A) Ich sollte alle Zutaten gut gekühlt verarbeiten. — A
B) Ich sollte zunächst einen Vorteig (ein Hefestück) ansetzen. — B
C) Ich sollte den Hauptteig sehr weich herstellen (z. B. mit Teigausbeute 200). — C
D) Ich sollte den Hauptteig zunächst ohne zugesetzte Kuchenfrüchte herstellen. — D
E) Ich sollte die Kuchenfrüchte (Rosinen und/oder Mandeln) gewaschen und vorgeweicht einarbeiten. — E
F) Ich sollte die Kuchenfrüchte intensiv mit dem Stollenteig kneten. — F

14. **Sie sollen Teiglinge von schweren Stollen freigeschoben abbacken (= nicht in Stollenformen).**
Welche Backbedingungen sind fachgerecht?

A) Abbacken der Stollenteiglinge mit voller Stückgare — A
B) Backen mit mehrmaligem Nachgeben von Schwaden (Dampf) — B
C) Anbacken mit etwa 220 °C, dann abfallend auf 190 °C zu Ende backen — C
D) Rechtzeitig ausbacken, damit die Krume nicht trocken und bräunlich verfärbt wird — D

15. **Nach dem Backen werden Stollen eingefettet und gezuckert.**
Aus welchen Gründen macht man das?

A) Dadurch soll der Backverlust ausgeglichen werden. — A
B) Dadurch soll die Lagerfähigkeit der Stollen verbessert werden. — B
C) Dadurch soll der Genusswert der Stollen erhöht werden. — C
D) Dadurch soll die Bekömmlichkeit der Stollen verbessert werden. — D

Arbeitsblatt: Situationsaufgaben in Testform im Prüfungsbereich 1 der Gesellenprüfung (Blatt 4)

Themenfeld: Herstellen von Gebäcken aus Blätterteig

Situationsbeschreibung:
Sie sollen süße Kaffeegebäcke und auch pikante Snacks aus Blätterteig herstellen.
Dafür sollen Sie je nach Gebäckart verschiedene Herstellungsmethoden und Zubereitungsarten anwenden.

16. **Sie sollen Blätterteig aus 4,000 kg Weizenmehl herstellen.
Kreuzen Sie bitte an, welche weiteren Zutatenmengen Sie dafür benötigen.**

A) 4000 g Wasser [A]
B) 4000 g Ziehfett [B]
C) 400 g Weizenstärke [C]
D) 100 g Backhefe [D]
E) 80 g Zucker [E]
F) 60 g Kochsalz [F]

17. **Sie sollen einen Grundteig für Blätterteig herstellen.
Welche Arbeitsregeln sollten Sie für die fachgerechte Herstellung des Grundteigs beachten?**

A) Ich sollte den Grundteig in der Festigkeit auf das Ziehfett hin anpassen. [A]
B) Ich sollte den Grundteig nur kurz und nicht so intensiv kneten. [B]
C) Ich sollte den Grundteig mit kühler Teigtemperatur herstellen. [C]
D) Ich sollte den Grundteig sofort nach der Knetung ohne Teigruhe weiterverarbeiten. [D]

18. **Sie stellen Blätterteig nach französischer Art her.
Welche Merkmale sind für französischen Blätterteig richtig aufgeführt?**

A) Der Grundteig muss mit Vollmilch anstelle von Wasser bereitet werden. [A]
B) Der Grundteig wird etwas weicher gehalten als für Blätterteig nach deutscher Art. [B]
C) Der Blätterteig wird touriert, nachdem der Grundteig in das ausgerollte Ziehfett eingeschlagen wurde. [C]
D) Der Blätterteig muss nach jeder Tourierung warm ruhen, damit er weich und geschmeidig bleibt. [D]

19. **Sie stellen Blätterteig nach holländischer Art her (= Blitzblätterteig).
Für welche Gebäcke ist der holländische Blätterteig gut geeignet?**

A) Für Blätterteigpasteten [A]
B) Für Blätterteigstückchen (z. B. Taschen) [B]
C) Für Blätterteigsnacks (z. B. Blätterteigstrudel) [C]
D) Für Blätterteigböden [D]

20. **Sie sollen eine kleine würzige Speisebeilage herstellen.
Welche Speisebeilage können Sie aus Blätterteig herstellen?**

A) Gnocchi [A]
B) Laugen-Cräcker [B]
C) Schinken-Croissants [C]
D) Fleurons [D]

Arbeitsblatt: Situationsaufgaben in Testform im Prüfungsbereich 1 der Gesellenprüfung (Blatt 5)

Themenfeld: Herstellen von Gebäcken aus Massen

Situationsbeschreibung:
In Ihrem Betrieb werden verschiedene Feine Backwaren hergestellt, für die eine Masse als Grundlage dient. Sie sollen unterschiedliche Massen nach herkömmlichen Methoden fachgerecht herstellen und verarbeiten.

21. **Sie sollen Rouladen aus Wiener Masse herstellen.**
Mit welchem Grundrezept können Sie Wiener Masse für Rouladen herstellen?

A) 1000 g Vollei, 400 g Zucker, 200 g Weizenmehl, 200 g Weizenstärke — A

B) 1000 g Vollei, 600 g Zucker, 300 g Weizenmehl, 300 g Weizenstärke, 300 g Butter — B

C) 1000 g Vollei, 800 g Zucker, 200 g Weizenmehl, 200 g Weizenstärke — C

D) 1000 g Vollei, 1000 g Zucker, 500 g Weizenmehl, 500 g Weizenstärke, 1000 g Butter — D

22. **Sie sollen Marmorkuchen aus leichter Rührmasse herstellen.**
Welche Aussagen über die Herstellung dieser Marmorkuchen sind richtig?

A) Für leichte Rührmasse nimmt man die gleichen Mengen an Weizenmehl, Butter, Zucker und Vollei. — A

B) Für leichte Rührmasse kann man einen Teil der Volleimenge durch Milch ersetzen. — B

C) Für leichte Rührmasse muss man Backpulver zum Lockern zusetzen. — C

D) Für Marmorkuchen aus leichter Rührmasse verwendet man üblicherweise Sultaninen als Kuchenfrüchte. — D

E) Für Marmorkuchen aus leichter Rührmasse wird in einen Teil der Masse Kakaopulver eingearbeitet. — E

F) Für Marmorkuchen aus leichter Rührmasse muss Kuvertüre als Überzugsmasse verwendet werden. — F

23. **Sie sollen Windbeutel aus Brandmasse in herkömmlicher Art herstellen (ohne Fertigmischung).**
Welche Arbeitsschritte müssen Sie beachten?

A) Ich muss für 1000 g Weizenmehl etwa 2000 g Milch/Wasser, 500 g Fett und 1600 g Vollei verarbeiten. — A

B) Ich muss zunächst das Vollei mit Milch/Wasser und Fett zusammen vermischen. — B

C) Ich muss das Weizenmehl in kochender Flüssigkeit abrösten, bis sich eine bindige Masse gebildet hat. — C

D) Ich muss das Vollei in einem Arbeitsgang in die kochend heiße Brandmasse einrühren. — D

24. **Sie stellen eine Makronenmasse aus Rohmasse her.**
Welche Besonderheiten gelten für die Zubereitung der Makronenmasse aus Rohmasse?

A) Die Makronenmasse **muss nicht** abgeröstet werden. — A

B) Die Makronenmasse wird mit **mehr Zucker** bereitet als eine Makronenmasse aus Mandeln. — B

C) Die Makronenmasse **muss** mit einem Zusatz von mindestens 3 % Weizenmehl gebunden werden. — C

D) Die Makronenmasse wird mit **weniger Eiklar** bereitet als eine Makronenmasse aus Mandeln. — D

25. **Sie stellen verschiedene Feine Backwaren unter Verwendung von Makronenmasse her.**
Welche der folgenden Gebäcke sind richtig beschrieben?

A) **Eigelbmakronen** sind sternförmige Gebäcke, die mit Zimt gewürzt sind. — A

B) **Ochsenaugen** sind kegelförmige Gebäcke aus Kokosmakronenmasse. — B

C) **Makronentorte** wird aus Wiener Böden mit Makronenmasse zusammengesetzt, garniert und abgeflämmt. — C

D) **Oblatenlebkuchen** werden aus makronen-ähnlicher Masse hergestellt und auf Oblaten gebacken. — D

Erreichte	Punktzahl:	
Erreichbare	Punktzahl:	50

Aufgabensammlung für die schriftliche Gesellenprüfung

– Betriebswirtschaftliches Handeln –

1. Einkauf von Zutaten und Handelswaren

Erforderliche Nebenrechnungen für die Aufgaben bitte auf gesondertem Blatt aufführen.

DIGITAL+

Aufgabe 1:

Die BÄKO liefert 25 kg Butterreinfett zum Nettopreis von 4,20 € je kg.
Errechnen Sie den Brutto-Rechnungspreis (mit 7 % Mehrwertsteuer).

Antwort:

Aufgabe 2:

Ihr Betrieb kauft Sultaninen nach Angebot „brutto für netto" (= bfn) ein; die Verpackung gilt als Ware.
Eine Kiste mit Sultaninen wiegt brutto 12,000 kg. Die Tara (Verpackung) beträgt davon 5 %.
Die Sultaninen werden zu einem Preis von 2,47 € je kg/bfn bezogen.

a) Errechnen Sie, wie viel kg Sultaninen in der Kiste sind (netto).

Antwort a):

b) Errechnen Sie, wie viel € 1 kg Sultaninen netto kostet.

Antwort b):

Aufgabe 3:

Ihr Betrieb kauft ein pulverförmiges Backmittel auf einer Palette mit 20 Säcken je 25 kg ein.
Dafür holt der Betrieb zwei Angebote ein.
Angebot A: 44,00 € je 100 kg, zuzüglich Palettenkosten von 25,00 € je Palette
Angebot B: 48,00 € je 100 kg ohne weitere Kosten
Welches Angebot ist preisgünstiger?

Antwort für Angebot A):

Antwort für Angebot B):

Antwort über günstigeren Preis):

Aufgabe 4:

Ihr Betrieb bezieht Erdbeeren frisch von der Plantage.
Für die Großabnahme gewährt der Lieferant 20 % Rabatt vom sonst üblichen Nettopreis von 7,40 € je kg.

a) Errechnen Sie den Netto-Warenpreis nach Abzug des Rabatts für 40 kg Erdbeeren.

Antwort a):

b) Errechnen Sie den Brutto-Rechnungspreis einschließlich 7 % Mehrwertsteuer.

Antwort b):

Aufgabe 5:

Ihr Betrieb erhält Waren zum Netto-Warenwert von 2000,00 €.
Es werden 5 % Rabatt gewährt sowie 2 % Skonto für Sofortzahlung.
Die Mehrwertsteuer beträgt 7 %.

a) Errechnen Sie den Rechnungsbetrag, der um die Rabattsumme ermäßigt ist.

Antwort a):

b) Errechnen Sie die Brutto-Rechnungssumme (einschließlich 7 % Mehrwertsteuer).

Antwort b):

c) Errechnen Sie den zu zahlenden Betrag (abzüglich 2 % Skonto).

Antwort c):

Aufgabensammlung für die schriftliche Gesellenprüfung

– Betriebswirtschaftliches Handeln –

2. Werbung für ökologische Backwaren

DIGITAL+

Aufgabe 1:

Ihr Betrieb führt ökologische Backwaren im Sortiment und will dafür verstärkt werben.

a) Nennen Sie zwei Anforderungen an Rohstoffe für Backwaren aus ökologischer Gewinnung.

b) Nennen Sie zwei Anforderungen, die bei ökologischen Backwaren erfüllt sein müssen.

Aufgabe 2:

Für ökologische Backwaren verwendet man gern spezielle Rohstoffe und Zutaten.

a) Nennen Sie Getreide, Nichtbrotgetreide und Pseudogetreide als Rohstoffe für ökologische Backwaren.

b) Nennen Sie Süßungsmittel für ökologische Feingebäcke, mit denen man Weißzucker ersetzen kann.

Aufgabe 3:

Sie sollen Argumente für ökologische Backwaren formulieren, die auf Interesse bei den Verbrauchern treffen.

a) Formulieren Sie ein Argument für ökologische Backwaren mit Bezug auf die Gesundheit der Verbraucher.

b) Formulieren Sie ein Argument für ökologische Backwaren mit Bezug auf den Umweltschutz.

Aufgabe 4:

In einer Aktionswoche bieten Sie den Kunden Kostproben von ökologischen Gebäcken an.

a) Nennen Sie zwei Vorteile, die Sie mit den Kostproben erreichen.

b) Nennen Sie zwei Anforderungen, die Sie beim Anbieten von Kostproben beachten müssen.

Aufgabe 5:

Ihr Betrieb möchte sich der Öffentlichkeit als „Ökologische Bäckerei" präsentieren.
Beschreiben Sie kurz eine dafür geeignete Maßnahme der Öffentlichkeitsarbeit.

Aufgabensammlung für die schriftliche Gesellenprüfung

– Betriebswirtschaftliches Handeln –

3. Backwaren für ernährungsbewusste Kunden

DIGITAL+

Aufgabe 1:

Ernährungsbewusste Kunden bevorzugen Gebäcke mit geringem Fett-, Zucker- oder Salzgehalt.

a) Nennen Sie Beispiele solcher Backwaren, die Sie ernährungsbewussten Kunden anbieten können.

b) Nennen Sie Beispiele für Backwaren, die Sie ernährungsbewussten Kunden nicht anbieten sollten.

Aufgabe 2:

Auch im Café können Sie spezielle Angebote für ernährungsbewusste Kunden machen.
Nennen Sie Beispiele solcher Speisen für den Verzehr im Café.

Aufgabe 3:

Sie sollen werbewirksame Texte für Angebote an ernährungsbewusste Kunden formulieren.
Schreiben Sie zwei kurze Formulierungen von geeigneten Werbetexten auf.

Aufgabe 4:

Sie stellen Dinkelsemmeln mit Rohkostbelag her und sollen den Nährwert des Belags einer Semmel errechnen.
(Erforderliche Nebenrechnungen bitte auf einem gesonderten Blatt aufführen.)

Rohkostbelag:

– 16800 g Frischkäse (körnig)	je 100 g	500 kJ	=	
– 7200 g Karotten (geraspelt)	je 100 g	300 kJ	=	
– 14400 g Zucchini-Scheiben	je 100 g	60 kJ	=	
– Kochsalz, Pfeffer, Petersilie	(ohne Berechnung) gesamt:		=	

Das obige Rezept ergibt:

– 38400 g Belag, das ergibt:	kJ je 100 g	=	
– für 240 Dinkelsemmeln,	kJ je Semmel	=	

Aufgabe 5:

Sie wollen beim Angebot von Dinkelsemmeln mit Rohkostbelag auf einen geringen Nährwertgehalt hinweisen.
Nennen Sie rechtliche Regeln, die Sie bei einer Werbung mit Nährwertbezug beachten müssen.

Aufgabensammlung für die schriftliche Gesellenprüfung

– Betriebswirtschaftliches Handeln –

4. Backwaren kalkulieren

DIGITAL+

Erforderliche Nebenrechnungen für die Aufgaben bitte auf gesondertem Blatt aufführen.

Aufgabe 1:

Sie sollen Materialkosten errechnen.
Das Grundrezept für Mürbeteig lautet:

500 g	Zucker	je kg	=	1,20 €
1000 g	Butter	je kg	=	4,22 €
1500 g	Weizenmehl	je kg	=	0,36 €
50 g	Aroma	je kg	=	8,00 €

a) Errechnen Sie die Materialkosten für das Grundrezept.

Antwort: ______________________________

b) Errechnen Sie die Materialkosten für einen Mürbeteigboden, wenn das Grundrezept 8 Böden ergibt.

Antwort: ______________________________

Aufgabe 2:

Der Brutto-Verkaufspreis für einen Rührkuchen beträgt 4,28 €.
Errechnen Sie den Netto-Verkaufspreis (unter Abzug von 7 % Mehrwertsteuer).

Antwort: ______________________________

Aufgabe 3:

Der Brutto-Verkaufspreis für einen Blechkuchen beträgt 32,10 € (einschließlich 7 % Mehrwertsteuer).
An Materialkosten und Herstellungskosten sind insgesamt 25,20 € entstanden.

a) Errechnen Sie den Netto-Erlös.

Antwort: ______________________________

b) Errechnen Sie, wie viel % des Netto-Erlöses für Gewinn und Risiko übrig bleiben.

Antwort: ______________________________

Aufgabe 4:

Sie sollen den Laden-Verkaufspreis für ein Spezialbrot errechnen.

- Materialkosten für 30 Brote = 10,20 €
- Betriebskosten je Minute = 0,90 €
  Zeitbedarf für 30 Brote = 42 Minuten
- Risiko = 10 %
- Gewinn = 15 %
- Mehrwertsteuer = 7 %

Antwort: Der Laden-Verkaufspreis für 1 Spezialbrot ist ______________________________

Aufgabe 5:

Sie erhalten den Auftrag, den Laden-Verkaufspreis für ein Croissant zu kalkulieren.

- Herstellungsmenge = 150 Stück
- Materialkosten, insgesamt = 26,00 €
- Betriebskosten je Minute = 0,90 €
  Zeitbedarf für 10 Croissants = 4 Minuten
- Risiko und Retouren = 22 %
- Gewinn = 8 %
- Mehrwertsteuer = 7 %

Antwort: Der Laden-Verkaufspreis für ein Croissant ist ______________________________

Arbeitsblatt: Beispiele für Einzelfragen im 2. Prüfungsbereich der Gesellenprüfung (Blatt 1)

Aufgaben:

DIGITAL+

1. **In Ihrem Betrieb werden die Aktionswochen für das kommende Jahr geplant. Sie sollen dazu Vorschläge machen.** *(20 Punkte)*
   a) Formulieren Sie 5 attraktive Themen für mögliche Aktionswochen.
   b) Erklären Sie an einem Beispiel, wie Sie das Thema einer Aktionswoche auf einen jahreszeitlichen Anlass beziehen.
   c) Geben Sie am Beispiel einer Aktionswoche an, welche Produkte Sie aktionsmäßig anbieten wollen.
   d) Nennen Sie Möglichkeiten, mit denen Sie die Kunden und Gruppen im Umfeld Ihres Geschäfts gezielt über die Aktionswoche informieren können.

2. **In Ihrem Betrieb sollen neue Spezialbrotsorten eingeführt werden, um damit das Brotsortiment für die Kunden attraktiver zu machen.** *(20 Punkte)*
   a) Nennen Sie 5 Verkehrsbezeichnungen für Spezialbrote.
   b) Welche Anforderungen müssen Sie erfüllen, wenn Sie Brote der Gruppe „Mehrkornbrote" anbieten wollen?
   c) Errechnen Sie, wie viel kg Leinsamen Sie auf 35,000 kg Getreidemahlerzeugnisse verarbeiten müssen, um die Mindestanforderung von 8 % Leinsamenzusatz für „Leinsamenbrot" zu erfüllen.
   d) Stellen Sie am Beispiel von zwei Spezialbroten dar, welche Verkaufsargumente Sie für diese Brote in der Produktinformation herausstellen können.

Arbeitsblatt: Beispiele für Einzelfragen im 2. Prüfungsbereich der Gesellenprüfung (Blatt 2)

Aufgaben: (Fortsetzung)

DIGITAL+

(Führen Sie bitte alle erforderlichen Nebenrechnungen auf einem gesonderten Blatt auf.)

3. **In Ihrem Betrieb sind Sie an den Abläufen zum Einkauf von Rohstoffen beteiligt.** *(20 Punkte)*
   Sie sollen dazu die folgenden Aufgaben lösen.
   a) Erläutern Sie, welche rechtlichen Bedeutungen „Angebot" und „Bestellung" beim Kauf von Rohstoffen haben.
   b) Was bedeutet es, wenn ein Rohstoff „brutto für netto" angeboten wird?
   c) Errechnen Sie den Bezugspreis für 5,000 kg Ananaskonfitüre, wenn das Gebinde mit 12,000 kg Inhalt 25,00 € kostet und darauf 4 % Rabatt gewährt werden.
   d) Erläutern Sie, zu welchen Zwecken Sie bestimmte Kontrollen durchführen, wenn Sie eine Lieferung mit bestellten Rohstoffen annehmen.

4. **Ein Bäckermeister kauft eine Brötchenanlage für 120 000,00 €.** *(20 Punkte)*
   Dafür nimmt er ein Darlehen in Anspruch, das zu 100 % ausgezahlt wird und mit 6 % zu verzinsen ist.
   a) Errechnen Sie, wie viel € Zinsen der Bäckermeister im Jahr zu zahlen hat (ohne Tilgung des Darlehens).
   b) Errechnen Sie die jährliche Wertminderung (Abschreibung) in €, wenn die Brötchenanlage im Zeitraum von 5 Jahren linear abgeschrieben wird.
   c) Errechnen Sie die Kosten je Betriebsstunde der Brötchenanlage, wenn
      – zusätzlich zu Zinsen und Abschreibungsbetrag noch 1,5 % des Anschaffungswerts an Betriebskosten anfallen,
      – die Brötchenanlage im Jahr an 500 Stunden betrieben wird.
   d) Errechnen Sie die Betriebskosten in Cent (mit einer Stelle hinter dem Komma) je Brötchen, wenn die Brötchenanlage eine Stundenleistung von 6 000 Stück hat.

5. **Sie sollen den Verkaufspreis für ein Stück Kremtorte errechnen und dabei folgende Werte beachten:** *(20 Punkte)*
   – Materialkosten: 8,00 €
   – Herstellungszeit: 20 Minuten je 1,60 € (= Minutenkosten)
   – Risiko und Gewinn: 20 %
   – Mehrwertsteuer: 7 %
   – Einteilung der Torte in 16 Stücke

   Antwort: ______________________

Arbeitsblatt: Beispiel für eine Projektaufgabe im 2. Prüfungsbereich der Gesellenprüfung (Blatt 1)

Situationsbeschreibung:
In einer Verkaufsstelle Ihres Betriebs werden vormittags insbesondere durch Passanten und Firmen-Mitarbeiter verstärkt belegte Snacks nachgefragt. Daher soll das Angebot erweitert werden, und zwar durch belegte Backwarensnacks, die sich auch vorverpackt anbieten lassen.
Sie sollen dazu Vorschläge machen und geeignete Maßnahmen für die Verkaufsangebote entwickeln.

DIGITAL+

Aufgaben:

1. **Für die Snacks sollen Gebäcke verwendet werden, die sich gut aufschneiden und belegen lassen.** *(10 Punkte)*
   a) Welche **Kleingebäcksorten** lassen sich gut aufschneiden und belegen?

   ____

   ____

   b) Mit welchen **Brotsorten** lassen sich belegte Snacks besonders gut herstellen?

   ____

   ____

2. **Sie wollen auch Snacks für ernährungsbewusste Verbraucher anbieten.** *(10 Punkte)*
   a) Welche **Gebäckgrundlagen** sind dafür besonders geeignet?

   ____

   ____

   b) Welche **Belagarten** sind für leicht bekömmliche, belegte Snacks geeignet?

   ____

   ____

3. **Sie können für belegte Snacks verschiedene Aufstrichprodukte verwenden.** *(10 Punkte)*
   a) Welche Vorteile erzielen Sie, wenn Sie **Aufstrichbutter** verwenden?

   ____

   ____

   ____

   b) Welche Vorteile erzielen Sie, wenn Sie **Majonäse** oder **Remoulade** als Aufstrich verwenden?

   ____

   ____

   ____

4. **Sie sollen Brötchen maschinell zum Belegen aufschneiden.** *(10 Punkte)*
   Die Maschine schneidet pro Minute 20 Brötchen auf.
   a) Wie viel Minuten benötigen Sie zum Aufschneiden von 150 Brötchen?

   Antwort: ______________________________

   b) Berechnen Sie die Kosten für das Aufschneiden der 150 Brötchen bei einem Minutenkostensatz von 1,60 €.

   Antwort: ______________________________

   (Führen Sie bitte alle erforderlichen Nebenrechnungen auf einem gesonderten Blatt auf.)

5. **Ihnen liegen zwei verschiedene Angebote für Kochschinken als Belagprodukt vor:** *(10 Punkte)*
   a) 2,5 kg Kochschinken im Polyethylenschlauch für 22,50 €, abzüglich 4 % Rabatt;
   b) 5,0 kg Kochschinken in Aluminiumform für 42,50 €, abzüglich 2 % Skonto.
   Berechnen Sie, welches Angebot günstiger ist.

   (Führen Sie bitte alle erforderlichen Nebenrechnungen auf einem gesonderten Blatt auf.)

   Antwort: ______________________________

Arbeitsblatt: Beispiel für eine Projektaufgabe im 2. Prüfungsbereich der Gesellenprüfung (Blatt 2)

Aufgaben: (Fortsetzung)

(Führen Sie bitte alle erforderlichen Nebenrechnungen auf einem gesonderten Blatt auf.)

DIGITAL+

6. **Sie sollen den Nährwert für eine belegte Semmel berechnen.** *(10 Punkte)*
   Dabei sollen Sie die folgenden Angaben berücksichtigen:
   - Nährwert einer Semmel (als Gebäckgrundlage): 724 kJ

   Belag je Semmel:
   - 70 g Frischkäse je 100 g = 500 kJ
   - 30 g Karotten (geraspelt) je 100 g = 300 kJ
   - 60 g Zucchini-Scheiben je 100 g = 60 kJ

   Wie viel kJ liefert eine belegte Semmel?

   Antwort: ____________________

7. **Sie wollen belegte Snacks für den raschen Abverkauf vorverpackt zur Selbstbedienung anbieten.** *(10 Punkte)*
   Als Verpackungsmaterial können Sie Kunststoff-Folien oder Snack-Tüten aus Papier verwenden.
   Welche Vor- und Nachteile haben diese Verpackungsmaterialien jeweils?

   ____

8. **Sie wollen den Firmen in Ihrer Region das neue Snack-Angebot auch im Liefer-Service anbieten.** *(10 Punkte)*
   Mit welchen Werbemöglichkeiten können Sie die Firmen angemessen über Ihr Angebot informieren?

   ____

9. **Sie sollen die Materialkosten für belegte Mehrkornstangen nach folgenden Angaben berechnen:** *(10 Punkte)*
   - 45 Stück Mehrkornstangen je 0,60 € (abzüglich 35 %)
   - 900 g Salatkrem je kg = 1,60 €
   - 2500 g Gouda-Käse je kg = 8,60 €
   - 500 g Salat je kg = 3,78 €
   - 700 g Vollei-Scheiben je kg = 3,00 €
   - 800 g Gurken-Scheiben je kg = 1,40 €

   Wie viel € betragen die Materialkosten für 45 Stück belegte Mehrkornstangen?

   Antwort: ____________________

10. **Sie sollen den Laden-Verkaufspreis für ein belegtes Käse-Baguette-Brötchen berechnen.** *(10 Punkte)*
    Dabei sollen Sie die folgenden Kalkulationswerte berücksichtigen:
    - Herstellungskosten je Stück: 1,20 €
    - Verwaltungsgemeinkosten: 5 % der Herstellungskosten
    - Vertriebskosten: 70 % der Herstellungskosten
    - Risiko + Gewinn: 20 % der Selbstkosten
    - Mehrwertsteuer: 7 % des Netto-Verkaufspreises

    Antwort: ____________________

Information: Situationsaufgaben in Testform im Prüfungsbereich 2 der Gesellenprüfung

Beachten Sie zur Bearbeitung und Bewertung dieser Aufgaben die folgenden Hinweise:

1. Die Aufgaben lösen Sie durch Ankreuzen vorgegebener Antworten.
   Die Kreuze für Ihre Lösungen setzen Sie dazu in die Kästchen direkt neben der jeweiligen Aufgabe.

2. Die einem Aufgabenblock vorangestellte **Situationsbeschreibung** stellt den Zusammenhang der beruflichen Handlung für mehrere Aufgaben her.
   Diese Situationsbeschreibung können Sie als Lösungshilfe nutzen.

3. Den einzelnen Aufgaben sind mehrere mögliche Antworten zugeordnet.
   In jeder Aufgabe ist *mindestens eine vorgegebene Antwort* richtig.
   Es gibt aber auch Aufgaben, in denen *zwei oder drei Antworten* zutreffen.
   Über die Anzahl der richtigen Lösungen je Aufgabe erhalten Sie Hinweise, zum Beispiel:
   – durch konkrete Angabe der Zahl richtiger Lösungen (z. B. „Welche zwei ....“),
   – durch Formulierung der Frage in Einzahl oder Mehrzahl (z. B. „Welche Ursache ist ...“),
   – durch Frage nach der logisch eindeutigen Antwort (z. B. „Wie ist die hellste Weizenmehltype ...“).
   Beachten Sie außerdem, dass pro Aufgabe *niemals mehr als die Hälfte der Antwortvorgaben richtig* sind.

4. Kreuzen Sie in jeder Aufgabe die von Ihnen als richtig erkannten Antworten an,
   zum Beispiel so:
   Sie sollen Weizenmehle nach ihrer Eignung für die Backwarenherstellung unterscheiden.
   Welche Weizenmehltype ist für die Herstellung von Brötchen am besten geeignet?
   A) Type 405
   B) Type 550
   C) Type 812
   D) Type 1050

   Wenn Sie beim Lösen einer Aufgabe ein Kreuz falsch gesetzt haben und dieses verbessern möchten,
   dann können Sie das folgendermaßen korrigieren:
   – Füllen Sie das falsch markierte Feld voll aus (wie oben bei der **Antwort D**).
   – Kreuzen Sie nun die als richtig geltende Antwort neu an (wie oben bei **Antwort B**).

5. Bevor Sie ein Lösungskästchen ankreuzen, sollten Sie genau überlegen, was die Aufgabenstellung fordert.
   Kontrollieren Sie immer nach dem Ankreuzen nochmals Ihre Lösung im Zusammenhang mit der Aufgabenstellung.

6. Für das Erkennen einer richtigen Antwort erhalten Sie *einen Pluspunkt je Lösungskreuz.*
   Für das Ankreuzen falscher Antworten erhalten Sie Minuspunkte.
   Diese Minuspunkte werden *innerhalb einer Aufgabe* mit den erreichten Pluspunkten verrechnet.
   Plus- und Minuspunkte aus den Antwortvorgaben einer Aufgabe heben sich gegenseitig auf.
   Überzählige Minuspunkte in einer Aufgabe werden aber *nicht* mit den Pluspunkten anderer Aufgaben verrechnet.
   Als Mindestergebnis je Aufgabe erhalten Sie also 0 Punkte (kein Minusergebnis).
   Kreuzen Sie daher in jedem Fall in einer Aufgabe mindestens eine vorgegebene Antwort an.

7. Den bearbeiteten Aufgabensatz können Sie einfach mit Hilfe der Lösungen in den Medialinks bewerten.
   Sie gelangen zu den Lösungen für die Testaufgaben durch den Link auf der folgenden Seite.
   Die jeweils richtige Lösung ist mit dem Buchstaben der Antwort-Zeile aufgeführt, zum Beispiel: **B.**

8. Der Aufgabensatz mit Situationsaufgaben in Testform ist so zusammengestellt, dass er 50 richtige Lösungen enthält.
   Durch Ankreuzen aller möglichen richtigen Lösungen können Sie also 50 Punkte erreichen.
   Die erreichte Punktzahl wird für das Prüfungsergebnis auf das 100-Punkte-System bezogen,
   zum Beispiel so:
   – 43 von 50 Punkten erreicht,
   – 43 x 2 = 86 Punkte (bezogen auf 100 Punkte),
   – 86 Punkte = gute Leistung.

Und nun viel Erfolg beim Lösen der Situationsaufgaben in Testform!

Arbeitsblatt: Situationsaufgaben in Testform im Prüfungsbereich 2 der Gesellenprüfung (Blatt 1)

Themenfeld: Marketing für Blechkuchen

DIGITAL+

Situationsbeschreibung:
In einer Marketing-Aktion Ihres Betriebs wollen Sie verschiedene Blechkuchen anbieten.
Sie sollen dazu Angebote mit Blechkuchen-Sorten entwickeln, die für die Kunden attraktiv sind.

1. Sie sollen ein passendes Motto für die Aktion mit Stücken von Blechkuchen formulieren.
Welche zwei der folgenden Aussagen sind als Motto für diese Aktion passend?
   A) „Stück für Stück einfach lecker" | A
   B) „Himmlische Verführung" | B
   C) „Erlebnisse für jede Kaffee- oder Teestunde" | C
   D) „Frisch gebacken – direkt vom Blech" | D

2. Für einige Blechkuchen ist es typisch, dass sie in einer jahreszeitlichen Saison angeboten werden.
Welche der folgenden Blechkuchen eignen sich besonders für ein saisonales Angebot?
   A) Mandelbienenstichkuchen | A
   B) Käsekuchen | B
   C) Zwetschenkuchen | C
   D) Butterstreuselkuchen | D
   E) Kirschstreuselkuchen | E

3. Sie wollen im Rahmen der Aktion auch Blechkuchen als „Buttergebäcke" anbieten.
Welche rechtlichen Vorgaben für „Buttergebäcke" müssen Sie dafür beachten?
   A) Zum Hefefeinteig müssen Vollmilch oder vergleichbare Milchprodukte verwendet werden. | A
   B) Zum Hefefeinteig darf als zugesetztes Fett ausschließlich Butter oder Butterreinfett verwendet werden. | B
   C) Im Belag darf als zugesetztes Fett auch Margarine sein (wenn im Teig genug Butter ist). | C
   D) Im Hefe-Buttergebäck müssen mindestens 30 % Butter sein (bezogen auf die Mehlmenge). | D

4. In der Produktinformation für die verschiedenen Blechkuchen soll darauf hingewiesen werden, ob der Blechkuchen seine Frischemerkmale auch nach dem Herstellungstag aufweist.
Welche der folgenden Hefeteig-Blechkuchen halten sich aufgrund ihrer Zutaten länger frisch?
   A) Apfelkuchen | A
   B) Streuselkuchen | B
   C) Mohnkuchen | C
   D) Zuckerkuchen | D
   E) Bienenstichkuchen | E
   F) Käsekuchen | F

5. Der kalkulierte Verkaufspreis für einen Blechkuchen beträgt 84,00 €.
Der Blechkuchen wird in 56 Stücke eingeteilt.
Wie hoch ist der Verkaufspreis je Stück?
   A) 0,50 € | A
   B) 0,75 € | B
   C) 1,50 € | C
   D) 1,75 € | D

Arbeitsblatt: Situationsaufgaben in Testform im Prüfungsbereich 2 der Gesellenprüfung (Blatt 2)

Themenfeld: Marketing für Vollkornbrot

Situationsbeschreibung:
Das Brotsortiment Ihres Betriebs soll um eine neue Vollkornbrotsorte erweitert werden.
Sie wirken an der dafür vorgesehenen Marketing-Aktion mit und sollen Maßnahmen fachlich korrekt durchführen.

6. **Wenn Sie „Vollkornbrot" anbieten, muss das Brot die rechtlichen Anforderungen dafür erfüllen. Wie hoch muss für „Vollkornbrot" der Mindestanteil an Vollkornmahlerzeugnissen sein?**
   - A) Mindestens 50 % der Getreidemahlerzeugnisse [A]
   - B) Mindestens 80 % der Getreidemahlerzeugnisse [B]
   - C) Mindestens 90 % der Getreidemahlerzeugnisse [C]
   - D) Mindestens 95 % der Getreidemahlerzeugnisse [D]

7. **Sie stellen ein Vollkornbrot her mit 20 % Dinkel- und 80 % Roggen-Vollkornerzeugnissen. Dem Brotteig setzen Sie auch Sprossen zu. Mit welchen zwei Bezeichnungen benennen Sie diese Brotsorte richtig?**
   - A) Dinkelvollkornbrot [A]
   - B) Roggen-Dinkel-Vollkornbrot mit Sprossen [B]
   - C) Sprossenbrot [C]
   - D) Dinkel-Roggenbrot mit Sprossen [D]
   - E) Roggen-Dinkel-Vollkornbrot [E]

8. **Sie sollen Verkaufsargumente für ein Roggenvollkornbrot mit Sprossenanteil formulieren. Welche Aussagen über dieses Brot können Sie in der Produktinformation verwenden?**
   - A) Ist leicht bekömmlich [A]
   - B) Hat eine zarte Krume [B]
   - C) Liefert viel Ballaststoffe [C]
   - D) Hat einen milden Geschmack [D]
   - E) Enthält Keimlings-Vitalstoffe [E]
   - F) Hält sich lange frisch [F]

9. **Sie bieten „Hafervollkornbrot" an. Welche Anforderungen muss dieses Brot erfüllen (nach den Leitsätzen für Brot und Kleingebäck)?**
   - A) Mindestens 20 % der Getreidemahlerzeugnisse müssen Hafervollkornprodukte sein. [A]
   - B) Mindestens 50 % der Getreidemahlerzeugnisse müssen beliebige Vollkornprodukte sein. [B]
   - C) Neben Hafermahlerzeugnissen muss ein anderes Nichtbrotgetreide mit mindestens 5 % enthalten sein. [C]
   - D) Die zugesetzte Säuremenge muss mindestens zu zwei Dritteln aus Sauerteig stammen. [D]

10. **Für die neue Vollkornbrotsorte soll bei den Kunden Ihres Geschäfts geworben werden. Mit welchen zwei Maßnahmen können Sie am besten direkt für das neue Vollkornbrot werben?**
   - A) Mit Werbeaufdrucken auf dem Verpackungsmaterial des Geschäfts [A]
   - B) Mit einer Sonderpreisaktion für das gesamte Brotsortiment [B]
   - C) Mit einer Probieraktion für die neue Brotsorte in der Verkaufsstelle [C]
   - D) Mit Kleinpackungen mit Schnitten der neuen Brotsorte [D]
   - E) Mit Besichtigungen der Produktionsräume an einem Tag der offenen Tür [E]

Arbeitsblatt: Situationsaufgaben in Testform im Prüfungsbereich 2 der Gesellenprüfung (Blatt 3)

Themenfeld: Marketing für gebackene Torten

Situationsbeschreibung:
Durch eine Marketing-Aktion soll in Ihrem Betrieb der Umsatz an Torten ohne Krem- oder Sahnefüllung gesteigert werden. Sie sollen für diese Aktion geeignete Maßnahmen entwickeln und durchführen.

11. **Welche der folgenden Torten sind gebackene Torten, die üblicherweise ohne Krem- oder Sahnefüllung angeboten werden?**
    A) Fürst-Pückler-Torte [A]
    B) Baumkuchentorte [B]
    C) Spanische Vanilletorte [C]
    D) Schwarzwälder Kirschtorte [D]
    E) Makronentorte [E]
    F) Frankfurter Kranz [F]

12. **Sie bieten gebackene Torten aus schweren, gerührten Massen an (z. B. aus Sachermasse). Welche Eigenschaften können Sie für diese Torten in der Produktinformation aufführen?**
    A) Saftig-feuchte Krume [A]
    B) Kräftige Kruste [B]
    C) Lange Frischhaltung [C]
    D) Leicht bekömmlich [D]
    E) Geringer Energiegehalt [E]

13. **Für die Werbeaktion stellen Sie gebackene Obsttorten her (z. B. Schwäbische Apfeltorte). Sie backen diese Torten in Karton-Ringformen. Welche Vorteile erzielen Sie durch das Backen der Torten in Karton-Ringformen?**
    A) Die Torten können dadurch kostengünstiger hergestellt werden. [A]
    B) Die Torten backen dadurch schneller durch. [B]
    C) Die Torten sind darin länger haltbar. [C]
    D) Die Torten können in der Kartonform zum Verkauf präsentiert werden. [D]
    E) Die Torten können in werbewirksam bedruckten Kartonformen angeboten werden. [E]

14. **Als Abdeckung für gebackene Torten wollen Sie leichte Schaummasse oder Geleeguss verwenden. Welche Maßnahmen müssen Sie ergreifen, damit diese Abdeckungen für die Gesundheit der Verbraucher unbedenklich sind?**
    A) Ich muss die leichte Schaummasse mit einem geringen Kochsalzzusatz herstellen. [A]
    B) Ich muss die leichte Schaummasse mit einem Eiklarprodukt herstellen, das pasteurisiert ist. [B]
    C) Ich muss den Geleeguss mit einem Fruchtsaft herstellen, der mit Wasser verdünnt ist. [C]
    D) Ich muss den Geleeguss vor dem Verarbeiten ausreichend durcherhitzen. [D]

15. **Sie bieten Erdbeertorten an, die mit rot gefärbtem Geleeguss abgedeckt sind. Mit welcher Kennzeichnung bieten Sie diese Torten in der rechtlich geforderten Art an?**
    A) „Geleeguss mit Farbstoff" [A]
    B) „Geleeguss leicht gefärbt" [B]
    C) „Geleeguss mit natürlichem Farbstoff" [C]
    D) „Geleeguss leicht rot nachgefärbt" [D]

Arbeitsblatt: Situationsaufgaben in Testform im Prüfungsbereich 2 der Gesellenprüfung (Blatt 4)

Themenfeld: Herstellung und Angebot von kleinen Speisen

Situationsbeschreibung:
Im Café Ihres Betriebs bieten Sie auch kleine Speisen an.
Sie bereiten dafür verschiedene kleine Speisen zu. Sie sollen dabei Grundsätze für rationelles Arbeiten beachten.

16. **Für die Zubereitung einer kleinen Speise benötigen Sie verschiedene Zutaten und Gewürze. Mit welchen Maßnahmen stellen Sie rationell die erforderlichen Zutatenmengen bereit?**

A) Ich lagere alle Zutaten bis zur Verarbeitung kühl (in der Verpackung). **A**

B) Ich bereite zunächst alle Zutaten zum Verarbeiten vor (z. B. Reinigen, Schneiden). **B**

C) Ich portioniere alle Zutaten vor Beginn der Zubereitung in der erforderlichen Menge. **C**

D) Ich verwende alle Zutaten in naturbelassenem Zustand. **D**

17. **Sie sollen kleine Speisen ohne Qualitätseinbußen in kurzer Herstellungszeit zubereiten. Mit welchen Maßnahmen können Sie kleine Speisen in kurzer Zeit zubereiten?**

A) Indem ich die Zutaten für mehrere Speisen zugleich vorbereite **A**

B) Indem ich nur ökologisch gewonnene Zutaten für die Speisen verwende **B**

C) Indem ich teilzubereitete Zutaten für die Speisen verwende (z. B. vorgegartes, zerkleinertes Fleisch) **C**

D) Indem ich tiefgefrorene Zutaten in gefrorenem Zustand für die Speisen verarbeite (ohne aufzutauen) **D**

E) Indem ich Fertigprodukte als Zutaten für die Speisen einsetze (z. B. Convenienceprodukt als Soßenfond) **E**

18. **Für das Frühstücksangebot in Ihrem Café sollen verschiedene Eierspeisen angeboten werden. Welche zwei Eierspeisen lassen sich am besten frisch zubereitet zum Frühstück anbieten?**

A) Spiegeleier **A**

B) Kaiserschmarren **B**

C) Rührei **C**

D) Bauernfrühstück **D**

19. **Sie bieten in Ihrem Café täglich wechselnd verschiedene Suppen an. Welche zwei Suppen können Sie durch Abwechslung in der Suppeneinlage fachlich richtig abwandeln?**

A) Spargelcremesuppe **A**

B) Gemüsesuppe **B**

C) Tomatensuppe mit Rahm **C**

D) Kraftbrühe mit Einlage **D**

20. **Sie bieten in Ihrem Café verschiedene Salatspeisen an. Dabei wollen Sie den Gästen ermöglichen, die Salate nach eigenen Wünschen zusammenzustellen. Mit welchen Maßnahmen gewährleisten Sie am besten, dass sich die Gäste die Salate nach ihren Wünschen zusammenstellen können?**

A) Mit einer Begrenzung der Salatsorten auf zwei oder drei Sorten **A**

B) Mit einem Angebot vorgefertigter Salatportionen auf kleinen Tellern **B**

C) Mit einer Bereitstellung verschiedener Salatsorten auf einem Büfett **C**

D) Mit einem Angebot von Marinaden, Soßen und Kräutern zur Selbstbedienung **D**

Arbeitsblatt: Situationsaufgaben in Testform im Prüfungsbereich 2 der Gesellenprüfung (Blatt 5)

Themenfeld: Planen und Durchführen einer Aktionswoche

Situationsbeschreibung:
Ihr Betrieb begeht ein Jubiläum. Aus diesem Anlass soll eine Aktionswoche durchgeführt werden unter dem Motto: „50 Jahre jung – jetzt können Sie was erleben".
Sie sollen dafür geeignete Maßnahmen vorschlagen und ihre Umsetzung in der Aktionswoche mitgestalten.

21. **Bei einem Tag der offenen Tür soll den Kunden gezeigt werden, wie Ihr Betrieb als traditioneller Handwerksbäcker heute modern produziert. Welche zwei Aktionen sind dafür geeignet?**

A) Malwettbewerb für Kinder — A
B) Besichtigung der Backstube in Aktion — B
C) Ausgabe ofenwarmer Kostproben an Betriebsbesucher — C
D) Kostenlose Kaffee- und Kuchenausgabe in der Verkaufsstelle — D

22. **Wenn betriebsfremde Besucher die Produktionsräume der Bäckerei besichtigen sollen, müssen Sie dafür bestimmte Vorbedingungen beachten. Welche zwei Vorbedingungen müssen Sie unbedingt gewährleisten?**

A) Die Besucher müssen vor Unfallgefahren im Betrieb geschützt sein. — A
B) Die Besucher dürfen die Betriebshygiene nicht beeinträchtigen. — B
C) Die Besucher dürfen nur in kleinen Gruppen den Betrieb besichtigen. — C
D) Die Besucher müssen den Produktionsvorgängen von Sitzplätzen aus zuschauen können. — D

23. **In der Aktionswoche zum Betriebsjubiläum wollen Sie besondere Warenangebote machen. Welche drei der folgenden Angebote passen thematisch gut zum 50-jährigen Betriebsjubiläum?**

A) Mengenrabatt für Großabnehmer von Backwaren — A
B) Brotsorte nach Rezeptur des Betriebsgründers — B
C) Auswahl eines Gebäckangebots zu Verkaufspreisen wie vor 50 Jahren — C
D) Waffelnachmittag für Kinder des örtlichen Kindergartens — D
E) Wiedereinführen eines traditionellen Brauchtumsgebäcks der Region — E
F) Angebot von Gebäcken mit Rohstoffen aus der Region — F

24. **Sie beziehen sich bei einem Gebäckangebot auf das 50-jährige Betriebsjubiläum und bieten ein Gebäck mit einem 50 %igen Preisnachlass an. Zu welchem Preis bieten Sie dann ein Gebäck an, das normalerweise 3,00 € kostet?**

A) 2,50 € — A
B) 2,00 € — B
C) 1,50 € — C
D) 1,00 € — D

25. **Nach Ablauf der Aktionswoche will das Team Ihrer Bäckerei beurteilen, ob die Aktionswoche auch dem Image des Betriebs gedient hat. Anhand welcher Merkmale können Sie auf einen Imagegewinn für die Bäckerei schließen?**

A) An der Höhe des Umsatzes in der Aktionszeit — A
B) An der Menge der verkauften Sonderangebots-Waren zum Betriebsjubiläum — B
C) An der Zahl der Besucher bei den Jubiläumsveranstaltungen — C
D) An der Berichterstattung der Medien über die Aktionswoche — D

Erreichte	Punktzahl:	
Erreichbare	Punktzahl:	50

Kompetenz-Checkliste für die Prüfungsbereiche 1 und 2 in Teil B der Gesellenprüfung

Was soll ich können? Wo stehe ich mit meinen Kenntnissen?

Diese Kompetenz-Checkliste ist ein Kontroll-Instrument. Mit der Checkliste können Sie für sich klären, inwieweit Sie die Anforderungen im berufsfachlichen Bereich in Teil B der Gesellenprüfung erfüllen. Sie bezieht sich inhaltlich auf diejenigen *Lernfelder des Berufsschulunterrichts*, die für die Gesellenprüfung (= theoretische Prüfung) in Betracht kommen können.

→ **Bearbeiten** Sie die Tests „Gesellenprüfung", möglichst nach einer Übung mit Arbeitsblättern.
Tragen Sie die erzielten Punktergebnisse auf diesem Bogen ein **(blaue Felder)**.
Prüfen Sie, ob Ihnen **in bestimmten Aufgabengebieten** fachliche Kenntnisse fehlen.

→ **Wählen** Sie die entsprechenden **Aufgabenkataloge aus**, bearbeiten Sie diese, nachdem Sie dafür gelernt haben.
Tragen Sie die Themen der Aufgabenkataloge auf dieser Seite handschriftlich ein.
Sie sollten gezielt nur mit bestimmten Aufgabenkatalogen üben (eventuell auch nochmals wiederholen).

→ **Protokollieren** Sie auf diesem Bogen Ihre Erfolge beim Steigern Ihrer fachlichen Kenntnisse.

	Punktergebnisse		
	Erstergebnis	1. Wiederholung	2. Wiederholung
Test „Warenwirtschaft und Produktionstechnik ..."			
Fragenkatalog „Warenwirtschaft und Produktionstechnik ..."			
Test „Betriebswirtschaftliches Handeln"			
Fragenkatalog „Betriebswirtschaftliches Handeln"			

Aufgabenkataloge: (Themen bitte jeweils handschriftlich eintragen)	Punktergebnisse		
	Erstergebnis	1. Wiederholung	2. Wiederholung

Information: Fallbezogene Aufgaben für Wirtschafts- und Sozialkunde in der Gesellenprüfung

In einigen Prüfungsregionen (z. B. in Baden-Württemberg) gibt es Prüfungsaufgaben für den Prüfungsbereich „Wirtschafts- und Sozialkunde", die einheitlich im gesamten Bundesland und für alle gewerblichen Ausbildungsberufe eingesetzt werden.

Die Aufgaben beziehen sich auf die
„Elemente für den Unterricht der Berufsschule im Bereich Wirtschafts- und Sozialkunde gewerblich-technischer Ausbildungsberufe (Beschluss der Kultusministerkonferenz vom 10.05.2007)".

Die Prüfungsaufgaben sollen laut Ausbildungsverordnung fallbezogen gestellt werden.
Auf den folgenden Seiten finden Sie Beispiele für solche fallbezogenen Aufgaben.

Die Lösungen für diese Aufgaben finden Sie mit den Medialinks auf den betreffenden Seiten.

Beachten Sie folgende Hinweise:

Es werden vier fallbezogene Aufgaben gestellt, die jeweils noch in verschiedene Unteraufgaben gegliedert sind.
Von diesen vier fallbezogenen Aufgaben sollen Sie drei Aufgaben auswählen und lösen.

Bei der Bewertung Ihrer Lösungen werden neben der inhaltlichen Richtigkeit berücksichtigt:
- Umfang und Genauigkeit der Kenntnisse und Einsichten,
- Methodenkenntnisse bei der Anwendung von Arbeitsmitteln,
- Fähigkeit zum kritischen Urteilen.

Die Lösungen werden mit Hilfe des 100-Punkte-Schlüssels bewertet.
Das heißt:
- Den Unteraufgaben werden jeweils so viel Punkte zugeordnet, dass für die komplette Lösung einer fallbezogenen Aufgabe die Höchstpunktzahl von 100 Punkten erreicht werden kann.
- Aus den Teilbewertungen für die 3 bearbeiteten Aufgaben wird die Durchschnittspunktzahl errechnet.
  (Für das Land Baden-Württemberg ist festgelegt, dass für 50 % richtige Lösungen die Note 4,4 vergeben wird.)

→ Bearbeiten Sie drei der folgenden fallbezogenen Aufgaben.

→ Bewerten Sie Ihre Lösungen mit Hilfe der Lösungen in den Medialinks.
Beachten Sie bei Ihren Bewertungen die oben genannten Kriterien.

Tipp:

Fragen Sie bei Ihrer Berufsschullehrerin/Ihrem Berufsschullehrer nach, in welchem **Aufgabensystem** die Prüfungsaufgaben im Fach Wirtschafts- und Sozialkunde für Ihre Gesellenprüfung gestellt werden.

Meine Notizen zum Merken für dieses Prüfungsgebiet:

Aufgabensammlung für die schriftliche Gesellenprüfung

– Wirtschafts- und Sozialkunde –

1. Grundfragen der Rechtsordnung

Aufgabe 1:

Man unterscheidet das Privatrecht und das Öffentliche Recht.

a) Erklären Sie kurz, was in diesen Rechtsbereichen geregelt wird.

Privatrecht: ______________________________

Öffentliches Recht: ______________________________

b) Nennen Sie je ein Beispiel für die Anwendung von Privatrecht bzw. Öffentlichem Recht.

____

____

Aufgabe 2:

Einer 16-jährigen Auszubildenden wird gesagt, dass sie nur **beschränkt geschäftsfähig** sei.

a) In welchem Bereich des Lebensalters ist man beschränkt geschäftsfähig?

____

b) Erklären Sie an einem Beispiel, wie sich die beschränkte Geschäftsfähigkeit auswirkt.

____

____

____

Aufgabe 3:

Ein 12-Jähriger hat auf der Straße mit seinem Fahrrad ein Auto beschädigt.
Ist er für den Schaden haftbar?

____

____

____

Aufgabe 4:

Ein 20-Jähriger steht wegen einer begangenen Körperverletzung vor Gericht.
Wird sein Fall nach Jugendstrafrecht oder nach Erwachsenenstrafrecht behandelt?

____

____

____

____

Aufgabe 5:

Bei einer Eheschließung bringen beide Partner bestimmtes Eigentum mit in die Ehe.

a) Was folgt daraus im Rechtsverhältnis der Gütergemeinschaft?

____

____

____

b) Was folgt daraus im Rechtsverhältnis der Gütertrennung?

____

____

Aufgabensammlung für die schriftliche Gesellenprüfung

– Wirtschafts- und Sozialkunde –

2. Vertragsrecht

DIGITAL+

Aufgabe 1:

Der Kaufvertrag ist ein wichtiger Vertrag. Auch andere Angelegenheiten regelt man vertraglich.

a) Nennen Sie vier Beispiele für weitere Verträge.

b) Erklären Sie am Beispiel des Kaufvertrags, wie ein Vertrag zustande kommen kann.

Aufgabe 2:

Sie haben einen Vertrag über den Kauf einer Ware abgeschlossen.

a) Welche grundsätzlichen Pflichten haben Sie als Käufer aufgrund dieses Vertrags?

b) Welche grundsätzlichen Pflichten hat der Verkäufer aufgrund dieses Vertrags?

Aufgabe 3:

Sie kaufen eine Ware im Internet (= online bestellt).
Der Internet-Händler informiert vor der Bestellung schriftlich und rechtskonform über Ihr Widerrufsrecht.

a) Welche Frist für den Widerruf müssen Sie aufgrund der rechtlichen Regelung beachten?

b) Welche Folgen ergeben sich aufgrund Ihres Widerrufs für Sie und für den Händler?

Aufgabe 4:

Sie erhalten eine bestellte Ware mit einem Mangel (= nicht in der bestellten Qualität).
Welche grundsätzlichen Rechte haben Sie bei Lieferung mangelhafter Ware?

Aufgabe 5:

Ein Kaufvertrag kann nichtig sein (= von Anfang an ungültig sein).
Nennen Sie stichwortartig zwei mögliche Gründe für die Nichtigkeit eines Kaufvertrags.

Aufgabensammlung für die schriftliche Gesellenprüfung

– Wirtschafts- und Sozialkunde –

3. Arbeitsrecht

Aufgabe 1:

Ein Bäckergeselle vereinbart mündlich, dass er am nächsten Tag in einer neuen Stelle zu arbeiten beginnt.

a) Beurteilen Sie, ob damit in arbeitsrechtlicher Sicht ein Arbeitsvertrag besteht.

b) Begründen Sie, warum ein Arbeitsvertrag schriftlich abgeschlossen werden soll.

Aufgabe 2:

Für Arbeitsverhältnisse sind die Bestimmungen des Nachweisgesetzes zu beachten.

a) Erklären Sie kurz die grundsätzliche Pflicht des Arbeitgebers gemäß Nachweisgesetz.

b) Nennen Sie stichwortartig vier Beispiele für Inhalte des geforderten Nachweises.

Aufgabe 3:

Im Manteltarifvertrag sind Bedingungen für die Beschäftigten in einem Bereich des Bäckerhandwerks festgelegt.
Nennen Sie vier Beispiele dafür, was in einem Manteltarifvertrag geregelt ist.

Aufgabe 4:

In einem Tarifvertrag ist vorgesehen, dass dieser „allgemeinverbindlich" werden soll.
Erklären Sie kurz, was Allgemeinverbindlichkeit eines Tarifvertrags bedeutet.

Aufgabe 5:

Ein Arbeitsvertrag wird durch eine Kündigung beendet.
Nennen Sie beispielhaft vier Gründe für eine fristlose (außerordentliche) Kündigung durch den Arbeitgeber.

Arbeitsblatt: Beispiel mit fallbezogenen Aufgaben für Wirtschafts- und Sozialkunde (Blatt 1)

Aufgabe 1 (Prüfgebiet: Der Jugendliche in Ausbildung und Beruf)

Situationsbeschreibung:
Carola hat die Gesellenprüfung als Bäckerin bestanden. Nach Abschluss ihrer Lehrzeit wurde sie aber von ihrem Ausbildungsbetrieb nicht in ein Arbeitsverhältnis übernommen. Sie ist arbeitslos.
Beim Einkaufen trifft Carola den Bäckermeister Weber. **Sie fragt ihn nach einer Arbeitsstelle.**
Herr Weber **bietet ihr einen Zeitvertrag** an und fordert sie auf, am nächsten Montag im Betrieb zu sein und die üblichen Arbeitspapiere mitzubringen.
Carola macht das und arbeitet am selben Tag mit in der Bäckerei Weber.

DIGITAL+

1.1 Hat Carola damit einen rechtsgültigen Arbeitsvertrag abgeschlossen?
Erklären Sie in diesem Zusammenhang die Bestimmungen des Nachweisgesetzes.

____

____

____

____

____

____

1.2 Welche Arbeitspapiere muss Carola vorlegen, und welche Papiere kann sie ergänzend vorlegen?

____

____

____

____

1.3 Welche Folgen kann die Beschäftigung im Rahmen eines Zeitarbeitsvertrags haben?

____

____

____

____

1.4 Nennen Sie zwei Rechte und zwei Pflichten, die Carola im Rahmen ihres Arbeitsvertrags hat.

– Rechte: ______________________________

____

– Pflichten: ______________________________

____

1.5 Für den Betrieb des Bäckermeisters Weber gelten die tariflichen Regelungen.
Erklären Sie, was das für die Lohn- und Urlaubsansprüche von Carola bedeutet.

____

____

____

____

____

____

Arbeitsblatt: Beispiel mit fallbezogenen Aufgaben für Wirtschafts- und Sozialkunde (Blatt 2)

Aufgabe 2 (Prüfgebiet: Nachhaltige Existenzsicherung)

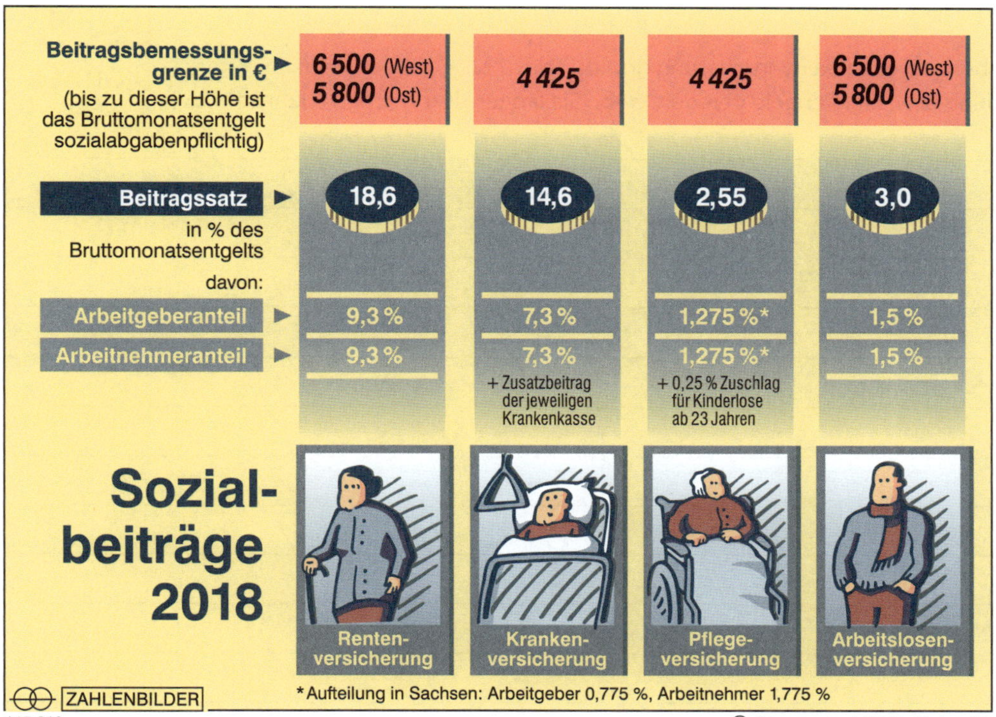

145 310 © Bergmoser + Höller Verlag AG

Abbildung aus ZAHLENBILDER, Erich Schmidt Verlag

2.1 Von Ihrem Lohn werden die Beiträge zu den Sozialversicherungen abgezogen.
Erklären Sie Art und Höhe dieser Lohnabzüge anhand der Darstellungen in der obigen Grafik.

2.2 In der obigen Grafik sind die Beitragsbemessungsgrenzen ausgewiesen.
Welche Bedeutung haben diese Grenzwerte für die Versicherten bzw. für die Träger der Versicherung?

Arbeitsblatt: Beispiel mit fallbezogenen Aufgaben für Wirtschafts- und Sozialkunde (Blatt 3)

Aufgabe 2 (Prüfgebiet: Nachhaltige Existenzsicherung)
Fortsetzung von Blatt 2

DIGITAL+

2.3 a) Welche Leistungen erbringt die Krankenversicherung grundsätzlich?
b) Wie sind Lohnfortzahlung bzw. Krankengeld geregelt, wenn Sie länger als 6 Wochen erkranken?

2.4 Stellen Sie an vier kurzen Beispielen dar, welche Leistungen die Arbeitslosenversicherung erbringt.

2.5 Begründen Sie die Notwendigkeit der Pflegeversicherung als gesetzliche Pflichtversicherung.

Arbeitsblatt: Beispiel mit fallbezogenen Aufgaben für Wirtschafts- und Sozialkunde (Blatt 4)

Aufgabe 3 (Prüfgebiet: Nachhaltige Existenzsicherung)

DIGITAL+

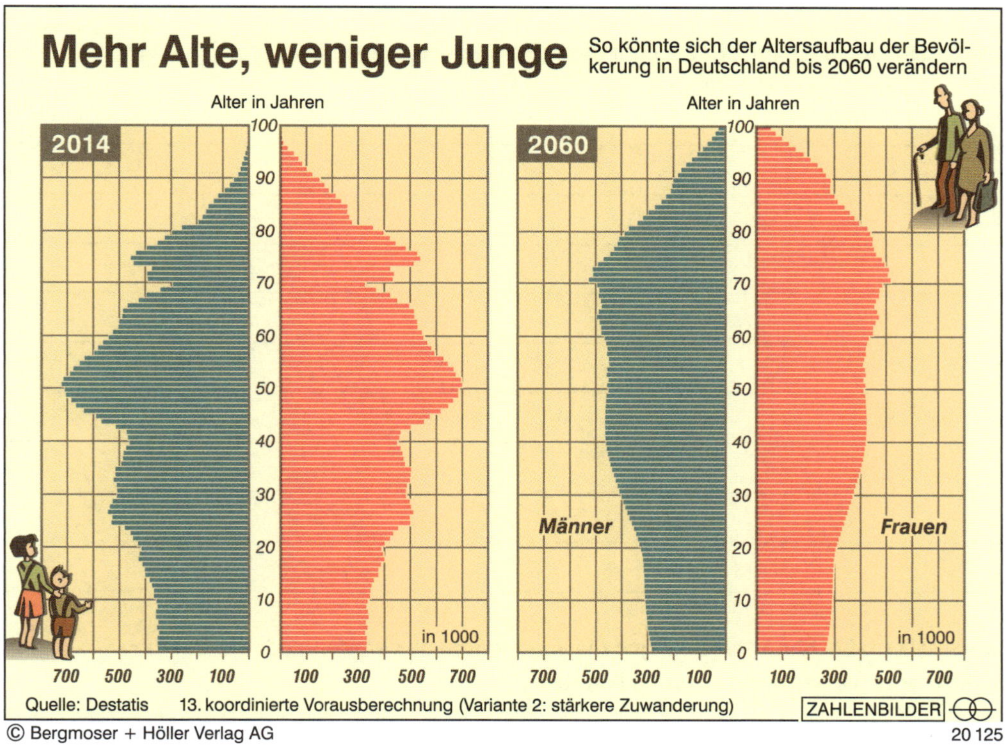

Abbildung aus ZAHLENBILDER, Erich Schmidt Verlag

3.1 Erklären Sie, was in der obigen Grafik dargestellt wird.

____

____

____

____

____

____

____

____

3.2 Welche Folgen ergeben sich voraussichtlich im Jahr 2060 für die Besetzung der Arbeitsplätze mit erwerbsfähigen Personen, wenn die oben dargestellte Alterspyramide so bleibt?

____

____

____

____

____

____

____

____

Arbeitsblatt: Beispiel mit fallbezogenen Aufgaben für Wirtschafts- und Sozialkunde (Blatt 5)

Aufgabe 3 (Prüfgebiet: Nachhaltige Existenzsicherung)
Fortsetzung von Blatt 4

DIGITAL+

3.3 Welche Folgen ergeben sich voraussichtlich im Jahr 2060 für die Sicherung der Altersrenten, wenn die in der Grafik auf Seite 129 dargestellte Entwicklung so bleibt?

3.4 Erklären Sie, durch welche gesellschaftlichen Entwicklungen die angenommene Veraltung der Bevölkerung in Deutschland abgeschwächt oder gar verhindert werden könnte.

3.5 Sie wollen angesichts der angenommenen Veraltung der Bevölkerung selbst für Ihr Alter vorsorgen. Stellen Sie an zwei Beispielen dar, welche Möglichkeiten Sie dafür haben.

Aufgabe 4 (Prüfgebiet: Unternehmen und Verbraucher in Wirtschaft und Gesellschaft sowie im Rahmen weltwirtschaftlicher Verflechtungen)

Verbraucherpreise gestiegen

Die deutschen Verbraucherpreise sind im Februar erstmals seit einem halben Jahr wieder gestiegen. Die jährliche Teuerungsrate kletterte auf 1,0 Prozent und blieb damit knapp über dem im Januar erreichten Fünf-Jahres-Tief von 0,9 Prozent. Das teilte das Statistische Bundesamt nach vorläufigen Berechnungen mit. Das war der erste Anstieg seit Juli 2008. Die Lebenshaltungskosten stiegen im Vergleich zum Januar um 0,6 Prozent. „Dieser Anstieg ist maßgeblich auf die saisonübliche Preiserhöhung bei Pauschalreisen zurückzuführen", hieß es. Reuters

Stichworte für die Aufgabenlösung

4.1 Beschreiben Sie kurz mit eigenen Worten, was in dem Zeitungsartikel berichtet wird.

4.2 Erklären Sie, wie man die jährliche Teuerungsrate ermittelt.

Arbeitsblatt: Beispiel mit fallbezogenen Aufgaben für Wirtschafts- und Sozialkunde (Blatt 7)

Aufgabe 4 (Prüfgebiet: Unternehmen und Verbraucher in Wirtschaft und Gesellschaft sowie im Rahmen weltwirtschaftlicher Verflechtungen)

Fortsetzung von Blatt 6

DIGITAL+

4.3 Erläutern Sie, welche Auswirkungen eine steigende Teuerungsrate für die Verbraucher und Sparer hat.

4.4 Erklären Sie, warum die Gewerkschaften bei steigenden Lebenshaltungskosten höhere Löhne fordern.

4.5 Im Zusammenhang mit den Lebenshaltungskosten spricht man von einer Lohn-Preis-Spirale.
Erklären Sie, was man damit meint (also: die Bedeutung der Lohn-Preis-Spirale).

Information: Situationsaufgaben in Testform im Prüfungsbereich 3 der Gesellenprüfung

Beachten Sie zur Bearbeitung und Bewertung dieser Aufgaben die folgenden Hinweise:

1. Die Aufgaben lösen Sie durch Ankreuzen vorgegebener Antworten.
   Die Kreuze für Ihre Lösungen setzen Sie dazu in die Kästchen direkt neben der jeweiligen Aufgabe.

2. Die einem Aufgabenblock vorangestellte **Situationsbeschreibung** stellt den Zusammenhang der beruflichen Handlung für mehrere Aufgaben her.
   Diese Situationsbeschreibung können Sie als Lösungshilfe nutzen.

3. Den einzelnen Aufgaben sind mehrere mögliche Antworten zugeordnet.

   In jeder Aufgabe ist *mindestens eine vorgegebene Antwort* richtig.
   Es gibt aber auch Aufgaben, in denen *zwei oder drei Antworten* zutreffen.

   Über die Anzahl der richtigen Lösungen je Aufgabe erhalten Sie Hinweise, zum Beispiel:
   - durch konkrete Angabe der Zahl richtiger Lösungen (z. B. „Welche zwei ....“),
   - durch Formulierung der Frage in Einzahl oder Mehrzahl (z. B. „Welche Ursache ist ...“),
   - durch Frage nach der logisch eindeutigen Antwort (z. B. „Wie ist die hellste Weizenmehltype ...“).

   Beachten Sie außerdem, dass pro Aufgabe *niemals mehr als die Hälfte der Antwortvorgaben richtig* sind.

4. Kreuzen Sie in jeder Aufgabe die von Ihnen als richtig erkannten Antworten an,
   zum Beispiel so:

   Sie sollen einseitige und zweiseitige Rechtgeschäfte unterscheiden.
   Welches der folgenden Rechtsgeschäfte ist einseitig?

   A) Kauf
   B) Schenkung
   C) Leasing
   D) Miete

   A
   ☒ B
   C
   ■

   Wenn Sie beim Lösen einer Aufgabe ein Kreuz falsch gesetzt haben und dieses verbessern möchten,
   dann können Sie das folgendermaßen korrigieren:
   - Füllen Sie das falsch markierte Feld voll aus (wie oben bei der **Antwort D**).
   - Kreuzen Sie nun die als richtig geltende Antwort neu an (wie oben bei **Antwort B**).

5. Bevor Sie ein Lösungskästchen ankreuzen, sollten Sie genau überlegen, was die Aufgabenstellung fordert.
   Kontrollieren Sie immer nach dem Ankreuzen nochmals Ihre Lösung im Zusammenhang mit der Aufgabenstellung.

6. Für das Erkennen einer richtigen Antwort erhalten Sie *einen Pluspunkt je Lösungskreuz.*
   Für das Ankreuzen falscher Antworten erhalten Sie Minuspunkte.

   Diese Minuspunkte werden *innerhalb einer Aufgabe* mit den erreichten Pluspunkten verrechnet.
   Plus- und Minuspunkte aus den Antwortvorgaben einer Aufgabe heben sich gegenseitig auf.
   Überzählige Minuspunkte in einer Aufgabe werden aber *nicht* mit den Pluspunkten anderer Aufgaben verrechnet.

   Als Mindestergebnis je Aufgabe erhalten Sie also 0 Punkte (kein Minusergebnis).
   Kreuzen Sie daher in jedem Fall in einer Aufgabe mindestens eine vorgegebene Antwort an.

7. Den bearbeiteten Aufgabensatz können Sie einfach mit Hilfe der Lösungen in den Medialinks bewerten.
   Sie gelangen zu den Lösungen für die Testaufgaben durch den Link auf der folgenden Seite.
   Die jeweils richtige Lösung ist mit dem Buchstaben der Antwort-Zeile aufgeführt, zum Beispiel: **B**.

8. Der Aufgabensatz mit Situationsaufgaben in Testform ist so zusammengestellt, dass er 50 richtige Lösungen enthält.
   Durch Ankreuzen aller möglichen richtigen Lösungen können Sie also 50 Punkte erreichen.
   Die erreichte Punktzahl wird für das Prüfungsergebnis auf das 100-Punkte-System bezogen,
   zum Beispiel so:
   - 43 von 50 Punkten erreicht,
   - 43 x 2 = 86 Punkte (bezogen auf 100 Punkte),
   - 86 Punkte = gute Leistung.

Und nun viel Erfolg beim Lösen der Situationsaufgaben in Testform!

Arbeitsblatt: Situationsaufgaben in Testform im Prüfungsbereich 3 der Gesellenprüfung (Blatt 1)

Prüfgebiet: Der Jugendliche in Ausbildung und Beruf

DIGITAL+

Situationsbeschreibung:
Nach Ihrer Berufsausbildung wollen Sie in einer Bäckerei eine neue Arbeitsstelle annehmen.
Sie sollen dazu die Abläufe *vor und nach Abschluss des Arbeitsvertrags* beschreiben.

1. Sie bewerben sich schriftlich um eine neue Arbeitsstelle.
   Welche zwei Unterlagen gehören unbedingt zur schriftlichen Bewerbung?
   A) Der Sozialversicherungsausweis [A]
   B) Der Personalausweis [B]
   C) Eine Kopie des Gesellenprüfungszeugnisses [C]
   D) Der tabellarische Lebenslauf [D]
   E) Eine Kopie des Führerscheins [E]

2. Sie schließen mit einem neuen Arbeitgeber einen Arbeitsvertrag ab.
   Dazu wollen Sie sich über den Ihnen zustehenden Lohn informieren.
   Wo finden Sie die Angaben über Löhne im Bäckerhandwerk?
   A) In der Handwerksrolle [A]
   B) Im Tarifvertrag [B]
   C) Im Ausbildungsvertrag [C]
   D) In der Versicherungsordnung [D]

3. In Ihrer Arbeitsstelle einer mittelgroßen Bäckerei mit 30 Arbeitnehmern gibt es einen Betriebsrat.
   In welchen Fällen muss der Betriebsrat mitbestimmen?
   A) Er muss mitbestimmen bei der Anschaffung von Maschinen und Anlagen für die Produktion. [A]
   B) Er muss mitbestimmen bei der Aufstellung des täglichen Produktionsumfangs. [B]
   C) Er muss mitbestimmen bei der Einstellung von Personal. [C]
   D) Er muss mitbestimmen bei der Festlegung der Verkaufspreise für die Produkte. [D]
   E) Er muss mitbestimmen bei der Festlegung von Arbeitszeiten und Arbeitspausen. [E]

4. Für die Tätigkeit in einer neuen Stelle haben Sie mit dem Arbeitgeber eine Probezeit vereinbart.
   Welche Regelungen gelten im Allgemeinen für eine Probezeit im Arbeitsverhältnis?
   A) Die Probezeit darf höchstens 6 Monate dauern. [A]
   B) In der Probezeit kann der Arbeitsvertrag mit einer Frist von 2 Wochen aufgelöst werden. [B]
   C) Während der Probezeit wird der vereinbarte Lohn noch nicht in voller Höhe bezahlt. [C]
   D) In der Probezeit muss der Arbeitnehmer den darauf entfallenden Anteil des Jahresurlaubs nehmen. [D]

Arbeitsblatt: Situationsaufgaben in Testform im Prüfungsbereich 3 der Gesellenprüfung (Blatt 2)

Prüfgebiet: Der Jugendliche in Ausbildung und Beruf

5. **In bestimmten Fällen muss Ihr Arbeitgeber den Lohn weiterzahlen, auch wenn Sie die Arbeit versäumen. In welchen der folgenden Fälle haben Sie Anspruch auf Weiterzahlung des Lohnes?**

A) Wenn ich während der Arbeitszeit dringend private Besorgungen machen muss — A

B) Wenn ich während der Arbeitszeit erkranke und einen Arzt aufsuchen muss — B

C) Wenn ich einen Verkehrsunfall hatte und dazu eine rechtliche Beratung brauche — C

D) Wenn ein Besucher aus dem Ausland kommt, der an einem Arbeitstag bei mir zu Haus anreist — D

E) Wenn ein naher Angehöriger verstorben ist, mit dem ich zusammengewohnt habe — E

6. **Sie haben mit Ihrem Arbeitgeber vereinbart, dass Sie an den Arbeitstagen im Betrieb eine Teilverpflegung erhalten. Welche Aussagen über die Gewährung dieser Teilverpflegung sind richtig?**

A) Die Kosten der Teilverpflegung werden mit einem festliegenden Betrag vom Lohn abgezogen. — A

B) Der Wert der Teilverpflegung gehört zum steuer- und sozialversicherungspflichtigen Bruttolohn. — B

C) Die Produkte der Teilverpflegung müssen auch im Urlaub des Arbeitnehmers abgenommen werden. — C

D) Der Qualitätsstandard der Teilverpflegung wird von der Fachgewerkschaft festgelegt. — D

7. **Als Arbeitnehmer in einer Bäckerei dürfen Sie auch an Sonntagen beschäftigt werden. Welche Aussagen über Sonntagsarbeit sind richtig?**

A) Sonntagsarbeit dürfen nur die gelernten Fachkräfte des Betriebs leisten. — A

B) An Sonntagen müssen nur diejenigen Arbeitnehmer arbeiten, die sich freiwillig dazu melden. — B

C) Für Sonntagsarbeit wird ein Zuschlag auf den sonst üblichen Lohn gezahlt. — C

D) Vollzeitbeschäftigte dürfen nicht regelmäßig an jedem Sonntag arbeiten. — D

E) Das Entgelt für Sonntagsarbeit wird insgesamt lohnsteuerfrei gezahlt. — E

F) Die Zeit der Sonntagsarbeit wird an einem Werktag durch Freistellung von der Arbeit ausgeglichen. — F

8. **Im Urlaub sind die Arbeitnehmer von der Arbeit freigestellt, damit die Erholung als Urlaubszweck erreicht werden kann. Welche der folgenden Aussagen über die Urlaubsgewährung sind richtig?**

A) Für jeden vollen Beschäftigungsmonat besteht Anspruch auf 1/12 des Jahresurlaubs. — A

B) Für die Urlaubszeit wird anstelle des Lohnes ein höheres Urlaubsgeld gezahlt. — B

C) Während des Urlaubs darf keine dem Urlaubszweck entgegenstehende Erwerbsarbeit ausgeübt werden. — C

D) Während des Urlaubs eintretende Arbeitsunfähigkeit wird als abgegoltener Urlaub angerechnet. — D

Arbeitsblatt: Situationsaufgaben in Testform im Prüfungsbereich 3 der Gesellenprüfung (Blatt 3)

Prüfgebiet: Nachhaltige Existenzsicherung

Situationsbeschreibung:
Im Zusammenhang mit Ihrem Arbeitsverhältnis sind Sie in gesetzlichen Sozialversicherungen versichert.
Sie sollen den Umfang der Pflichtversicherungen und deren Leistungen beschreiben.

9. **Nur bestimmte Versicherungsarten gehören zu den Sozialversicherungen.**
Welche der folgenden Versicherungen sind gesetzliche Sozialversicherungen?

A) Arbeitslosenversicherung [A]

B) Lebensversicherung [B]

C) Haftpflichtversicherung [C]

D) Krankenversicherung [D]

E) Pflegeversicherung [E]

F) Kfz-Kaskoversicherung [F]

10. **Die gesetzliche Rentenversicherung zahlt an die Versicherten im Alter eine Altersrente.**
Welche weiteren Leistungen erbringt die Rentenversicherung?

A) Unfallhilfe [A]

B) Erwerbsminderungsrente [B]

C) Umschulung und Rehabilitation [C]

D) Mutterschaftshilfe [D]

E) Stellenangebote und Stellenvermittlung [E]

11. **Im Zusammenhang mit Ihrem Arbeitsverhältnis in der Bäckerei sind Sie bei der Berufsgenossenschaft unfallversichert.**
Welche Besonderheiten gelten für die betriebliche Unfallversicherung bei der Berufsgenossenschaft?

A) Die Beiträge zur Berufsgenossenschaft zahlt der Arbeitgeber allein (ohne Anteil des Arbeitnehmers). [A]

B) Die Beiträge zur Berufsgenossenschaft richten sich in der Höhe nach dem Nettolohn des Arbeitnehmers. [B]

C) Die Berufsgenossenschaft zahlt auch für Folgen von Unfällen, die im privaten Bereich passieren. [C]

D) Die Berufsgenossenschaft schreibt auch Maßnahmen vor, die Unfälle verhüten sollen. [D]

12. **Die Berufsgenossenschaft weigert sich, für einen Unfall eines Arbeitnehmers aufzukommen.**
Der Arbeitnehmer will dagegen klagen.
Welches Gericht ist für die Klage zuständig?

A) Das Amtsgericht [A]

B) Das Verwaltungsgericht [B]

C) Das Sozialgericht [C]

D) Das Landgericht [D]

Arbeitsblatt: Situationsaufgaben in Testform im Prüfungsbereich 3 der Gesellenprüfung (Blatt 4)

Prüfgebiet: Nachhaltige Existenzsicherung

Situationsbeschreibung:
Als Arbeitnehmer und als Verbraucher zahlen Sie verschiedene Steuern.
Sie sollen einzelne Regelungen zu den verschiedenen Steuern erklären.

13. **Die zu zahlende Lohnsteuer richtet sich unter anderem nach der Steuerklasse. Welche Steuerklassen gibt es?**

A) Es gibt eine Steuerklasse speziell für Beschäftigte im Handwerk. A

B) Es gibt eine Steuerklasse für Beschäftigte mit mehreren Arbeitsverhältnissen. B

C) Es gibt eine Steuerklasse für ledige Arbeitnehmer. C

D) Es gibt eine Steuerklasse für jugendliche Arbeitnehmer. D

14. **Bei der Ermittlung des steuerpflichtigen Einkommens werden Werbungskosten berücksichtigt. Welche der folgenden Ausgaben gehören steuerrechtlich zu den Werbungskosten?**

A) Beiträge zu einer Lebensversicherung A

B) Beiträge zur Kfz-Haftpflichtversicherung B

C) Beiträge zur Fachgewerkschaft C

D) Kosten für Berufskleidung D

E) Kosten für ein Darlehen E

15. **Nach Ablauf eines Kalenderjahres wollen Sie prüfen, ob Sie zu viel Lohnsteuer bezahlt haben und ob Sie deshalb eine freiwillige Einkommenssteuererklärung abgeben sollten. In welchen Fällen ist für Sie eine Einkommenssteuererklärung sinnvoll?**

A) Wenn ich **nicht** den vollen Jahresurlaub erhalten habe A

B) Wenn ich unmittelbar nach der Lehre eine Stelle mit höherem Gesellenlohn angenommen habe B

C) Wenn ich höhere Sonderausgaben als den Pauschbetrag nachweisen kann C

D) Wenn ich in den Bereich eines anderen Finanzamts umgezogen bin D

16. **Sie wollen einen Teil Ihres Lohnes als vermögenswirksame Leistungen anlegen lassen. Welche zwei Anlageformen kommen dafür in Frage?**

A) Anlage bei einer Lotterie zu mildtätigen Zwecken A

B) Anlage in Fonds im steuerbegünstigten Ausland B

C) Anlage in Bausparverträgen C

D) Anlage bei einer Kapital-Lebensversicherung D

17. **Einige Steuern zahlen Sie direkt. Andere Steuern zahlen Sie indirekt beim Kauf von Waren und Leistungen. Welche Steuern gehören zu den indirekten Steuern?**

A) Lohnsteuer A

B) Mehrwertsteuer B

C) Kraftfahrzeugsteuer C

D) Mineralölsteuer D

E) Grundsteuer E

Arbeitsblatt: Situationsaufgaben in Testform im Prüfungsbereich 3 der Gesellenprüfung (Blatt 5)

Prüfgebiet: Unternehmen und Verbraucher in Wirtschaft und Gesellschaft sowie im Rahmen weltwirtschaftlicher Verflechtungen

Situationsbeschreibung:
Sie planen, in der Zukunft eine eigene Bäckerei zu eröffnen.
Dafür sollen Sie die einschlägigen wirtschaftlichen und rechtlichen Bestimmungen erklären.

18. **Eine Bäckerei kann man in der Rechtsform einer Einzelunternehmung führen.**
    Welche Merkmale gelten für eine Einzelunternehmung?

    A) Die Einzelunternehmung erhält ihr Kapital durch den Verkauf von Aktien. [A]
    B) Die Einzelunternehmung wird von einer Person geleitet und nach außen vertreten. [B]
    C) Der Inhaber einer Einzelunternehmung darf nur eine Produktions- und Verkaufsstelle betreiben. [C]
    D) Der Inhaber einer Einzelunternehmung haftet im Konkursfall allein. [D]

19. **Eine Bäckerei kann man in der Rechtsform einer Kapitalgesellschaft führen.**
    An welchen der folgenden Bezeichnungen erkennen Sie eine Kapitalgesellschaft?

    A) Bäckerei Kurt Müller & Sohn [A]
    B) Bäckerei Peters GmbH [B]
    C) Der gute Bäcker Stolle [C]
    D) Altstadtbäckerei Dietzel OHG [D]
    E) Heller Brot AG [E]

20. **Sie wollen sich selbstständig machen und eine Bäckerei eröffnen.**
    Welche Voraussetzungen müssen Sie im Regelfall zur Führung einer Handwerksbäckerei erfüllen?

    A) Meisterprüfung oder Anstellung eines Bäckermeisters als Betriebsleiter [A]
    B) Eintragung in die Handwerksrolle [B]
    C) Mitgliedschaft in der Bäckerinnung [C]
    D) Beschäftigung von handwerklich ausgebildetem Fachpersonal [D]
    E) Bereitstellung von Ausbildungsstellen für Lehrlinge [E]

21. **In Ihrem Bereich gibt es eine Bäckerinnung.**
    Welchen Zielen dient eine Bäckerinnung?

    A) Sie legt die Preise der Backwaren für ihre Mitgliedsbetriebe fest. [A]
    B) Sie kauft günstig Rohstoffe und Betriebseinrichtungen für die Innungsmitglieder ein. [B]
    C) Sie fördert die Innungsmitglieder in fachlichen und wirtschaftlichen Fragen. [C]
    D) Sie vertritt die Innungsmitglieder bei Rechtsstreitigkeiten vor Gericht. [D]
    E) Sie führt im Auftrag der Handwerkskammer die Zwischen- und Gesellenprüfungen durch. [E]

Arbeitsblatt: Situationsaufgaben in Testform im Prüfungsbereich 3 der Gesellenprüfung (Blatt 6)

Prüfgebiet: Unternehmen und Verbraucher in Wirtschaft und Gesellschaft sowie im Rahmen weltwirtschaftlicher Verflechtungen

Situationsbeschreibung:
Sie nehmen als Verbraucherin/als Verbraucher am Wirtschaftsleben teil.
Sie sollen dafür geltende wirtschaftliche und rechtliche Regelungen erklären.

22. **Wenn Ihnen eine Ware zum Kauf angeboten wird, kann das Angebot durch bestimmte Klauseln unverbindlich gemacht worden sein. An welchen der folgenden Klauseln erkennen Sie ein unverbindliches Angebot?**

A) „Angebot freibleibend" A
B) „Angebot laut Ihrer Anfrage" B
C) „Solange der Vorrat reicht" C
D) „So wie bisher angeboten" D

23. **Aus einem Kaufvertrag ergeben sich bestimmte Pflichten. Welche Pflichten haben jeweils der Verkäufer und der Käufer?**

A) Verkäufer: Pflicht zur Übereignung der Ware zum vereinbarten Zeitpunkt A
B) Verkäufer: Pflicht zur Rabattgewährung nach Wunsch des Käufers B
C) Käufer: Pflicht zur Zahlung des vereinbarten Kaufpreises C
D) Käufer: Pflicht zur schriftlichen Bestätigung des Wareneingangs D

24. **Sie wollen für eine Anschaffung einen Kredit aufnehmen und verschiedene Kreditangebote prüfen. Welche zwei der folgenden Kreditbedingungen müssen Sie unbedingt beachten, um den günstigsten Kredit auswählen zu können?**

A) Die Art der Absicherung des Kredits A
B) Den Effektivzinssatz für den Kredit B
C) Einzelüberweisung C
C) Die Art der Kontoführung für den Kredit D
D) Den Zeitplan für die Tilgung des Kredits E
E) Die Bearbeitungsgebühren und die Nebenkosten für den Kredit F

25. **Sie wollen monatlich eine gleichbleibende Summe bargeldlos von Ihrem Girokonto aus bezahlen. Welche zwei Zahlungsarten sind für diesen Fall insbesondere geeignet?**

A) Dauerauftrag A
B) Verrechnungsscheck B
C) Einzelüberweisung C
D) Lastschrifteinzug D

Erreichte	Punktzahl:	
Erreichbare	Punktzahl:	50

Kompetenz-Checkliste für den **Prüfungsbereich 3 in Teil B** der Gesellenprüfung

Was soll ich können? Wo stehe ich mit meinen Kenntnissen?

Diese Kompetenz-Checkliste ist ein Kontroll-Instrument. Mit dieser Checkliste können Sie für sich klären, inwieweit Sie die Anforderungen im allgemeinen Bereich in Teil B der Gesellenprüfung erfüllen. Sie bezieht sich inhaltlich auf die *Inhalte der entsprechenden KMK-Regelung.*

→ **Bearbeiten** Sie die Tests und Aufgabenkataloge für den Prüfungsbereich „Wirtschafts- und Sozialkunde".
Tragen Sie die erzielten Punktergebnisse auf diesem Bogen ein **(blaue Felder)**.
Stellen Sie fest, ob Ihnen **in bestimmten Prüfgebieten** fachliche Kenntnisse fehlen.

→ **Wählen** Sie die entsprechenden **Aufgabenkataloge aus**, bearbeiten Sie diese, nachdem Sie dafür gelernt haben.
Tragen Sie die Themen der Aufgabenkataloge auf dieser Seite handschriftlich ein.
Sie sollten gezielt nur mit bestimmten Aufgabenkatalogen üben (eventuell auch nochmals wiederholen).

→ **Protokollieren** Sie auf diesem Bogen Ihre Erfolge beim Steigern Ihrer Kenntnisse in Wirtschafts- und Sozialkunde.

	Punktergebnisse		
	Erstergebnis	**1. Wiederholung**	**2. Wiederholung**
Bäcker–Test „Gesellenprüfung: Wirtschafts- und Sozialkunde"			
Aufgabenkatalog „Wirtschafts- und Sozialkunde" (im Prüfungsbuch)			
Testkatalog „Wirtschafts- und Sozialkunde" (im Prüfungsbuch)			

Aufgabenkataloge für Wirtschafts- und Sozialkunde: (Themen bitte jeweils handschriftlich eintragen)	**Punktergebnisse**		
	Erstergebnis	**1. Wiederholung**	**2. Wiederholung**
z. B. so: *Nachhaltige Existenzsicherung*	*44 Punkte*	*68 Punkte*	*84 Punkte*

Information: Bewertung der Leistungen in Teil A der Gesellenprüfung (Praktische Prüfung)

Erfahren Sie hier in Kurzform, wie es bei der Beurteilung Ihrer praktischen Prüfung mit rechten Dingen zugeht.

Bewertung der Prüfungsleistungen in der praktischen Gesellenprüfung

- Jede Prüfungsarbeit wird von jedem Mitglied des Prüfungsausschusses selbstständig beurteilt.
  → § 25 der Kammer-Prüfungsordnung)
  Ausnahme: Die/der Vorsitzende des Prüfungsausschusses hat Gutachter zur Bewertung der Leistungen bestellt.

- Jeder Beurteiler hält seine Bewertungen der Prüfungsleistungen schriftlich auf einem Bewertungsbogen fest.
  (→ Muster eines *Bewertungsbogens* auf der Seite 144 in diesem Prüfungsbuch).

- Jede Prüfungsarbeit wird mit Hilfe des 100-Punkte-Schlüssels bewertet.
  (→ § 24 der Kammer-Prüfungsordnung; siehe auch: Seite 88 in diesem Prüfungsbuch)

- Bei den einzelnen Prüfungsarbeiten werden nicht allein die Produkte bewertet.
  Vielmehr werden im Sinne der vollständigen Handlung beurteilt: *Planung, Durchführung, Qualitätskontrolle.*
  → Beispiel im *Bewertungsbogen* auf der Seite 145 in diesem Prüfungsbuch)

  Dabei ist es üblich, diese drei Aspekte entsprechend ihrer Bedeutung für die Prüfungsaufgabe zu gewichten.

  Eine solche Gewichtung kann erfolgen
  - durch Splittung der 100 Punkte (z. B. 10 Punkte für Planung, 70 Punkte für Durchführung, 20 Punkte für Kontrolle),
  - durch Multiplikations-Faktoren (z. B. Planung x 2, Durchführung x 6, Kontrolle x 2) und Teilen der so ermittelten Gesamtpunktzahl durch die Summe der Gewichtungs-Faktoren.
    (→ Ein Beispiel für die zweite Möglichkeit ist im *Bewertungsbogen* auf der Seite 145 in diesem Prüfungsbuch zu sehen.)

  Der Prüfungsausschuss beschließt, in welcher Weise der 100-Punkte-Schlüssel bei der Bewertung der Prüfungsarbeiten angewendet wird.

  Das heißt: Der Prüfungsausschuss beschließt, auf *welche Art und Weise* gewichtet wird.
  Der Prüfungsausschuss beschließt auch, welche Gewichtung jeweils für Planung, Durchführung und Kontrolle angewendet wird.
  Beispielsweise kann der Gewichtungsfaktor für „Planung" von 2 auf 1 herabgesetzt werden, wenn für eine Aufgabenstellung die Planung umfangsmäßig eine nicht so große Bedeutung hat. In einem solchen Falle wird der bei „Planung" abgezogene Gewichtungspunkt auf die Gewichtung bei „Durchführung" oder bei der „Qualitätskontrolle" aufgeschlagen.

- Bei den einzelnen Prüfungsarbeiten werden nicht nur die fertigen Produkte bewertet.
  Vielmehr werden laut Ausbildungsverordnung berücksichtigt: *Zeiteinteilung, Umsicht, Hygiene, Arbeitsweise, Umweltschutz, Wirtschaftlichkeit, Arbeitssicherheit, Gesundheitsschutz, Kundenorientierung sowie Kundenberatung.*
  (→ auf dem Blatt „Informationen", laut § 10 der Bäcker-Ausbildungsverordnung)

Feststellung des Prüfungsergebnisses in der praktischen Gesellenprüfung

- Über das Ergebnis der praktischen Prüfung jedes Prüflings beschließt der gesamte Prüfungsausschuss.

- Für die Feststellung des Gesamtergebnisses in Teil A der Gesellenprüfung werden die Bewertungen der einzelnen Mitglieder des Prüfungsausschusses für jeden Prüfling gesondert auf einem Niederschriftsbogen aufgeschrieben.
  Die Gesamtpunktzahl der Bewertungen für jede Prüfungsarbeit wird durch die Anzahl der Prüfer geteilt.
  (→ Oberes Kästchen im Muster eines ausgefüllten Niederschriftsbogens auf Seite 147 in diesem Prüfungsbuch)

- Die vier praktischen Prüfungsarbeiten werden gleich gewichtet.
  Die Gesamtpunktzahl für die 4 praktischen Prüfungsarbeiten wird daher durch 4 geteilt.
  Beim Teilen der Punktzahlen werden Dezimal-Ergebnisse **nicht gerundet**.

- Zum **Bestehen der Gesellenprüfung** ist es erforderlich, dass im Teil A der Gesellenprüfung (praktische Prüfung) insgesamt mindestens ausreichende Leistungen erzielt werden.

  Das heißt: Eventuelle mangelhafte Leistungen bei einer Prüfungsarbeit können durch bessere Leistungen bei anderen Prüfungsarbeiten ausgeglichen werden.
  Nur das Gesamtergebnis für alle 4 praktische Prüfungsarbeiten muss mit mindestens „ausreichend" bewertet worden sein.

Information:
Bewertung der Leistungen in Teil B der Gesellenprüfung (Theoretische Prüfung)

Erfahren Sie hier in Kurzform, wie es bei der Beurteilung Ihrer theoretischen Prüfung zugeht.

Bewertung der Prüfungsleistungen in der schriftlichen Gesellenprüfung

- Jede Prüfungsarbeit wird von jedem Mitglied des Prüfungsausschusses selbstständig beurteilt.
  (→ § 25 der Kammer-Prüfungsordnung)
  Ausnahme: Die/der Vorsitzende des Prüfungsausschusses hat Gutachter zur Bewertung der Leistungen bestellt.
- Jeder Beurteiler hält seine Bewertungen der Prüfungsleistungen schriftlich auf einem Bewertungsbogen fest.
  (→ Unterer Teil im Muster eines Bewertungsbogens auf der Seite 144 in diesem Prüfungsbuch)
- Jede Prüfungsaufgabe wird mit Hilfe des 100-Punkte-Schlüssels bewertet.
  (→ § 24 der Kammer-Prüfungsordnung; siehe auch Seite 88 in diesem Prüfungsbuch)
  Der Prüfungsausschuss beschließt, in welcher Weise der 100-Punkte-Schlüssel bei der Bewertung der schriftlichen Prüfungsarbeiten angewendet wird (z. B. wie die Punkte den einzelnen Aufgabenstellungen zugeordnet werden).
  Beim Einsatz von überregional erstellten Prüfungsaufgaben werden die dabei vorgesehenen Bewertungshinweise beachtet.

Feststellen des Prüfungsergebnisses in der theoretischen Gesellenprüfung

- Über das Ergebnis der theoretischen Prüfung jedes Prüflings beschließt der gesamte Prüfungsausschuss.
- Für die Feststellung des Gesamtergebnisses werden die Bewertungen der einzelnen Mitglieder des Prüfungsausschusses für jeden Prüfling gesondert auf einem Niederschriftsbogen aufgeschrieben.
  Die Gesamtpunktzahl der Bewertungen für jeden Prüfungsbereich wird durch die Anzahl der Prüfer geteilt.
  (→ Mittleres Kästchen im Muster eines ausgefüllten Niederschriftsbogens auf Seite 147 in diesem Prüfungsbuch)
- Die jeweiligen Durchschnitts-Punktwerte der 3 Prüfungsbereiche werden unterschiedlich gewichtet, und zwar:
  – im Prüfungsbereich „Warenwirtschaft und Produktionstechnik von Backwaren und kleinen Gerichten" .... = x 5,
  – im Prüfungsbereich „Betriebswirtschaftliches Handeln" .... = x 3,
  – im Prüfungsbereich „Wirtschafts- und Sozialkunde" .... = x 2.
  Die gewichtete Gesamtpunktzahl für die 3 Prüfungsbereiche wird daher durch 10 geteilt.
  Beim Teilen der Punktzahlen werden Dezimal-Ergebnisse **nicht gerundet**.
- Zum **Bestehen der Gesellenprüfung** ist es erforderlich, dass im Teil B der Gesellenprüfung (theoretische Prüfung) insgesamt mindestens ausreichende Leistungen erzielt werden.
  In *zwei Prüfungsbereichen* müssen mindestens ausreichende Leistungen vorliegen. In dem anderen Prüfungsbereich dürfen keine *ungenügenden Leistungen* vorliegen (→ § 10 Absatz 7 der Bäcker-Ausbildungsverordnung).
  Das heißt: Eventuelle mangelhafte Leistungen in einem Prüfungsbereich können durch bessere Leistungen in den anderen Prüfungsbereichen ausgeglichen werden. Dabei muss *insgesamt* mindestens eine Bewertung „ausreichend" erreicht werden.
  Die theoretische Prüfung ist nach den Ergebnissen der schriftlichen Prüfung *nicht bestanden*,
  – wenn insgesamt nicht mindestens 50 % der Gesamtpunktzahl erreicht worden sind *oder*
  – wenn in zwei Prüfungsbereichen mangelhafte Leistungen vorliegen *oder*
  – wenn in einem Prüfungsbereich ungenügende Leistungen vorliegen.

  Wenn die Prüfung nach dem Ergebnis der schriftlichen Prüfung **nicht bestanden** ist, kann auf Antrag des Prüflings oder nach Entscheidung des Prüfungsausschusses eine **mündliche Ergänzungsprüfung** durchgeführt werden, **wenn dadurch das Bestehen der Prüfung möglich ist**.
- Wenn eine *mündliche Ergänzungsprüfung* durchgeführt wird, werden die jeweiligen bisherigen Ergebnisse und die entsprechenden Ergebnisse der mündlichen Ergänzungsprüfung im Verhältnis 2 : 1 gewichtet (→ § 10 Absatz 6 der Bäcker-Ausbildungsverordnung).
  (→ *Beachten Sie die Informationen über* **Regelungen zur mündlichen Prüfung** *in Teil B der Gesellenprüfung auf der Seite 89 in diesem Prüfungsbuch.)*

Information:
Prüfungsergebnis in der Gesellenprüfung

Erfahren Sie hier in Kurzform, wie es bei Ihrem Prüfungsergebnis mit rechten Dingen zugeht.

Feststellung des Prüfungsergebnisses in der Gesellenprüfung

- Das Gesamtergebnis der Gesellenprüfung wird für jeden Prüfling *vom gesamten Prüfungsausschuss* festgestellt.
  Dazu werden die wesentlichen Feststellungen und Bewertungen herangezogen, die von den Mitgliedern des Prüfungsausschusses dokumentiert worden sind.
  (→ § 25 und § 26 der Kammer-Prüfungsordnung)
- Über die Feststellung der einzelnen Prüfungsergebnisse wird eine Niederschrift angefertigt.
  (→ Muster eines *Niederschriftsbogens* auf der Seite 146 in diesem Prüfungsbuch).
  (→ Beispiele für *Ermittlung der Prüfungsergebnisse* auf der Seite 147 in diesem Prüfungsbuch).

Zeugniserteilung bei der Gesellenprüfung

- Über die bestandene Gesellenprüfung erteilt die zuständige Handwerkskammer ein Gesellenprüfungszeugnis.
  (→ § 27 der Kammer-Prüfungsordnung)
- Dem Zeugnis ist auf Antrag des Lehrlings eine englischsprachige und eine französischsprachige Übersetzung beizufügen.
  Auf Antrag des Lehrlings kann das Ergebnis berufsschulischer Leistungsfeststellungen auf dem Zeugnis ausgewiesen werden (§ 31 Absatz 3 HwO).
  (→ Unabhängig davon erteilt die Berufsschule ein Abschluss- bzw. Abgangszeugnis der Berufsschule.)

Rechtliche Situationen nach der Gesellenprüfung

- Über das Ergebnis der Gesellenprüfung erteilt der Prüfungsausschuss *nach Feststellung des Prüfungsergebnisses* eine Bescheinigung, mit der lediglich mitgeteilt werden muss, ob die Gesellenprüfung „bestanden" oder „nicht bestanden" worden ist.
  Die *Prüfungsnoten* werden im Prüfungszeugnis ausgewiesen. Das Prüfungszeugnis wird im Allgemeinen zu einem späteren Zeitpunkt ausgehändigt (z. B. im Rahmen einer Freisprechungsfeier).
- Bei *bestandener Gesellenprüfung* endet das Ausbildungsverhältnis mit dem Tag, an dem die Bescheinigung über das Prüfungsergebnis ausgehändigt wird. Diese Bescheinigung ist dem Ausbildenden unmittelbar vorzulegen.
  (Wird bei bestandener Gesellenprüfung über diesen Termin hinaus weiterbeschäftigt, wird durch schlüssige Handlung ein Arbeitsverhältnis im Gesellenstatus begründet.)
- Bei *nicht bestandener Gesellenprüfung* endet das Ausbildungsverhältnis mit dem Tag, der im Berufsausbildungsvertrag als Ende der Ausbildungszeit festgelegt ist.
- Die Bescheinigung über die nicht bestandene Gesellenprüfung enthält die Begründung über das Nichtbestehen der Gesellenprüfung (z. B. „nicht ausreichende Leistungen im Teil B der Gesellenprüfung").
  Der Prüfungsausschuss teilt auch mit, welche Teile oder Prüfungsbereiche erfolgreich absolviert worden sind. Diese Teile oder Prüfungsbereiche müssen im Falle einer Wiederholungsprüfung nicht wiederholt werden.

→ ***Hinweis***

Sofern Sie trotz Ihrer Übungen mit diesem Prüfungsbuch die Gesellenprüfung nicht bestanden haben sollten, ist das zwar schade, aber kein Weltuntergang.

Sie dürfen die Gesellenprüfung zwei Mal wiederholen.

Sie sollten die Gesellenprüfung unbedingt wiederholen, weil für Sie persönlich ein Erfolgserlebnis wichtig ist und dadurch das negative Gefühl der misslungenen Prüfung in Ihrem Bewusstsein wieder gelöscht wird.

Beachten Sie dazu die **Tipps** auf der Seite 149 in diesem Prüfungsbuch.

Bewertungsbogen

- Gesellenprüfung Bäckerin/Bäcker -

Prüferin/Prüfer : ______	Die Arbeitsaufgaben (Teil A) und Prüfungsarbeiten (Teil B) sind unter Anwendung des folgenden 100 Punkte-Schlüssels zu bewerten:
Kennbuchstabe der Prüferin/ des Prüfers im Niederschriftsbogen: ______	1 = sehr gut = 100 - 92 Punkte 2 = gut = 91 - 81 Punkte 3 = befriedigend = 80 - 67 Punkte 4 = ausreichend = 66 - 50 Punkte 5 = mangelhaft = 49 - 30 Punkte 6 = ungenügend = 29 - 0 Punkte
Prüfungsdaten : ______	
Letzter Prüfungstag : ______	

Gesellenprüfung Teil A (Fertigkeitsprüfung)

Arbeitsaufgaben	Gewichtung*)	Teilaufgabe	Prüfling Nr.	Durch-schnitt	Prüfling Nr.	Durch-schnitt	Prüfling Nr.	Durch-schnitt	Prüfling Nr.	Durch-schnitt	Prüfling Nr.	Durch-schnitt
Aufgabe 1: **Sauerteigbrote**		Planung										
		Ausführung										
		Qualitätskontrolle**)										
Aufgabe 2: **Kleingebäck**		Planung										
		Ausführung										
		Qualitätskontrolle**)										
Aufgabe 3: **Snacks oder kleine Gerichte** ***)		Planung										
		Ausführung										
		Qualitätskontrolle**)										
Aufgabe 4: **Feine Backwaren oder Torte*****)		Planung										
		Ausführung										
		Qualitätskontrolle**)										

*) Gewichtungsvorschlag; je nach Umfang der Teilaufgaben veränderbar; insgesamt aber 10 Punkte

**) Die Qualitätskontrolle ist Bestandteil des Fachgespräches.

***) nicht Zutreffendes streichen

Gesellenprüfung Teil B (Kenntnisprüfung)

Prüfungsarbeiten	Prüfling Nr.	Prüfling Nr.	Prüfling Nr.	Prüfling Nr.	Prüfling Nr.
Warenwirtschaft u. Produktionstechnik (**schriftlich**)					
Warenwirtschaft u. Produktionstechnik (**mündlich**) ****)					
Betriebswirtschaftliches Handeln (**schriftlich**)					
Betriebswirtschaftliches Handeln (**mündlich**) ****)					
Wirtschafts- und Sozialkunde (**schriftlich**)					
Wirtschafts- und Sozialkunde (**mündlich**) ****)					

****) entwerten wenn keine mündliche Prüfung erforderlich ist

Die Vordruckmuster für Prüfungsbewertungen wurden mit freundlicher Genehmigung zum Abdrucken zur Verfügung gestellt von:

Akademie Deutsches Bäckerhandwerk
Zentrale Aufgabenkommission für Prüfungsaufgaben im Bäckerhandwerk
Altkönigstraße 1
61462 Königstein
Tel. 06174 998863, www.bivhessen.de

Bewertungsbogen
Gesellenprüfung Bäckerin/Bäcker

Prüferin/Prüfer: *Abel*	Die Arbeitsaufgaben (Teil A) und Prüfungsarbeiten (Teil B) sind unter Anwendung des folgenden 100 Punkte-Schlüssels zu bewerten:
Kennbuchstabe der Prüferin/des Prüfers im Niederschriftsbogen: A	1 = sehr gut = 100 - 92 Punkte 2 = gut = 91 - 81 Punkte 3 = befriedigend = 80 - 67 Punkte 4 = ausreichend = 66 - 50 Punkte 5 = mangelhaft = 49 - 30 Punkte 6 = ungenügend = 29 - 0 Punkte
Prüfungsdaten: *19.06.20...*	
Letzter Prüfungstag: *31.06.20...*	

Gesellenprüfung Teil A (Fertigkeitsprüfung)

Arbeitsaufgaben	Gewichtung*)	Teilaufgabe	Prüfling Nr. 1	Durchschnitt	Prüfling Nr. 2	Durchschnitt	Prüfling Nr. 3	Durchschnitt	Prüfling Nr.	Durchschnitt	Prüfling Nr.	Durchschnitt
Aufgabe 1: **Sauerteigbrote**	2	Planung	65	64	85	81	78	83				
	6	Ausführung	60		82		85					
	2	Qualitätskontrolle**)	75		74		82					
Aufgabe 2: **Kleingebäck**	2	Planung	62	60	90	87	80	80				
	6	Ausführung	58		85		82					
	2	Qualitätskontrolle**)	64		90		74					
Aufgabe 3: **Snacks oder kleine Gerichte** ***)	2	Planung	55	62	85	86	75	74				
	6	Ausführung	60		90		70					
	2	Qualitätskontrolle**)	75		75		85					
Aufgabe 4: **Feine Backwaren oder Torte** ***)	1	Planung	72	74	84	81	82	76				
	7	Ausführung	74		82		74					
	2	Qualitätskontrolle**)	75		76		80					

*) Gewichtungsvorschlag; je nach Umfang der Teilaufgaben veränderbar; insgesamt aber 10 Punkte

**) Die Qualitätskontrolle ist Bestandteil des Fachgespräches.

***) nicht Zutreffendes streichen

Gesellenprüfung Teil B (Kenntnisprüfung)

Prüfungsarbeiten	Prüfling Nr. 1	Prüfling Nr. 2	Prüfling Nr. 3	Prüfling Nr.	Prüfling Nr.
Warenwirtschaft u. Produktionstechnik (**schriftlich**)	45	85	78		
Warenwirtschaft u. Produktionstechnik (**mündlich**) ****)	69				
Betriebswirtschaftliches Handeln (**schriftlich**)	60	90	85		
Betriebswirtschaftliches Handeln (**mündlich**) ****)					
Wirtschafts- und Sozialkunde (**schriftlich**)	35	70	65		
Wirtschafts- und Sozialkunde (**mündlich**) ****)					

****) entwerten wenn keine mündliche Prüfung erforderlich ist

Datum: ____________________ ________________________________

(Unterschrift der Prüferin/des Prüfers)

Niederschriftsbogen

- Gesellenprüfung Bäckerin/Bäcker -

Name des Prüflings : ______________________

Prüfungsnummer : ______________________

Prüfungsdaten : ________

Datum der Bekanntgabe des Prüfungsergebnisses : ________

Gesellenprüfung Teil A (Fertigkeitsprüfung)

Arbeitsaufgaben	Punkte der einzelnen Prüferinnen/Prüfer A	B	C	D	E	F	Gesamt-punktzahl (Spalten 2-7)	Zahl der Prüferinnen/ Prüfer	**Punkte**
1	2	3	4	5	6	7	8	9	10
Aufgabe 1: **Sauerteigbrote**								:	
Aufgabe 2: **Kleingebäck**								:	
Aufgabe 3: **Snacks oder kleine Gerichte** *)								:	
Aufgabe 4: **Feine Backwaren oder Torte***)								:	
*) nicht Zutreffendes streichen							**Summe** Teil A		

Unterschrift der/des
des Prüfungsau

Gesellenprüfung Teil B (Kenntnisprüfung)

Prüfungsarbeiten	Punkte der einzelnen Prüferinnen/Prüfer A	B	C	D	E	F	Gesamt-punktzahl (Spalten 2-7)	Zahl der Prüferinnen/ Prüfer	ohne mündliche Ergänzungsprüfung: **Punkte** im Durchschnitt	Gewich-tungs-faktor	**Punkte** insgesamt	mit mündlicher Ergänzungsp: **Punkte** im Durchschnitt	Gewich-tungs-faktor (s/m)	**Punkte** insgesamt
1	2	3	4	5	6	7	8	9	10	11	12	13	14	15
Warenwirtschaft u. Produktionstechnik (**schriftlich**)								:		x 5			x 0,67	
Warenwirtschaft u. Produktionstechnik (**mündlich**)								:					x 0,33	
Betriebswirtschaft-liches Handeln (**schriftlich**)								:		x 3			x 0,67	
Betriebswirtschaft-liches Handeln (**mündlich**)								:					x 0,33	
Wirtschafts- und Sozialkunde (**schriftlich**)								:		x 2			x 0,67	
Wirtschafts- und Sozialkunde (**mündlich**)								:					x 0,33	
**) Werden weniger als 50 % der erreichbaren Punkte erzielt, ist die Prüfung nicht bestanden. Sind in zwei Bereichen weniger als 50 % oder in einem Bereich weniger als 30 % der erreichbaren Punkte erzielt, ist die Prüfung ebenfalls nicht bestanden.									**Summe** **) **(Teil B)** ohne mündliche Prüfung			**Summe** **) **(Teil B)** mit mündlicher Prüfung		

Prüfungsergebnis

Ergebnis Teil A	Spalte 10	:	Faktor **4**	=	Punkte A	▶		Note Teil A
Ergebnis Teil B	Spalte 12 oder17	:	Faktor **10**	=	Punkte B	▶		Note Teil B
Gesamtergebnis***)	Punkte A	+	Punkte B	=	Summe A+B	: 2	Punkte ▶	Gesa

Notenschlüssel

1 = sehr gut = 100 - 92 Punkte
2 = gut = 91 - 81 Punkte
3 = befriedigend = 80 - 67 Punkte
4 = ausreichend = 66 - 50 Punkte
5 = mangelhaft = 49 - 30 Punkte
6 = ungenügend = 29 - 0 Punkte

*****) Ist ein Prüfungsteil (A oder B) nicht bestanden, so gilt die gesamte Prüfung als nicht bestanden.**

Unterschrift der Arbeitgeber-vertreterin/des Arbeitgebervertreters

Unterschrift der Arbeitnehmer-vertreterin/des Arbeitnehmervertreters

Unterschrift der Lehrl

*)

Niederschriftsbogen

- Gesellenprüfung Bäckerin/Bäcker -

Name des Prüflings :	*Daniel Mustermann*	Prüfungsdaten :	*19.06.20...*
Prüfungsnummer :	*1*	Datum der Bekanntgabe des Prüfungsergebnisses :	*30.06.20...*

Gesellenprüfung Teil A (Fertigkeitsprüfung)

Arbeitsaufgaben	Punkte der einzelnen Prüferinnen/Prüfer A	B	C	D	E	F	Gesamtpunktzahl (Spalten 2-7)	Zahl der Prüferinnen/ Prüfer	**Punkte**
1	2	3	4	5	6	7	8	9	10
Aufgabe 1: **Sauerteigbrote**	*64*	*67*	*58*				*189*	*3*	*63*
Aufgabe 2: **Kleingebäck**	*60*	*58*	*65*				*183*	*3*	*61*
Aufgabe 3: **Snacks oder kleine Gerichte** *)	*62*	*66*	*67*				*195*	*3*	*65*
Aufgabe 4: **Feine Backwaren oder Torte** *)	*74*	*70*	*69*				*213*	*3*	*71*
*) nicht Zutreffendes streichen							**Summe** Teil A		*260*

Unterschrift der/des Vorsitzenden des Prüfungsausschusses

Gesellenprüfung Teil B (Kenntnisprüfung)

Prüfungsarbeiten	Punkte der einzelnen Prüferinnen/Prüfer A	B	C	D	E	F	Gesamtpunktzahl (Spalten 2-7)	Zahl der Prüferinnen/ Prüfer	ohne mündliche Ergänzungsprüfung: **Punkte** im Durchschnitt	Gewichtungsfaktor	**Punkte** insgesamt	mit mündlicher Ergänzungsprüfung: **Punkte** im Durchschnitt	Gewichtungsfaktor (s/m)	**Punkte** insgesamt	Gewichtungsfaktor	**Punkte** schriftlich u. mündlich
1	2	3	4	5	6	7	8	9	10	11	12	13	14	15	16	17
Warenwirtschaft u. Produktionstechnik (**schriftlich**)	*45*	*45*	*45*				*135*	*3*	*45*	x 5	*225*	*45*	x 0,67	*30*	x 5	*260*
Warenwirtschaft u. Produktionstechnik (**mündlich**)	*69*	*65*	*64*				*198*	*3*				*66*	x 0,33	*24*		
Betriebswirtschaftliches Handeln (**schriftlich**)	*60*	*60*	*60*				*180*	*3*	*60*	x 3	*180*		x 0,67		x 3	*180*
Betriebswirtschaftliches Handeln (**mündlich**)													x 0,33			
Wirtschafts- und Sozialkunde (**schriftlich**)	*35*	*35*	*35*				*105*	*3*	*35*	x 2	*70*		x 0,67		x 2	*70*
Wirtschafts- und Sozialkunde (**mündlich**)													x 0,33			
**) Werden weniger als 50 % der erreichbaren Punkte erzielt, ist die Prüfung nicht bestanden. Sind in zwei Bereichen weniger als								**Summe** **) **(Teil B)** ohne mündliche Prüfung			*475*	**Summe** **) **(Teil B)** mit mündlicher Prüfung				*510*

nicht bestanden

Prüfungsergebnis

Ergebnis Teil A	Spalte 10: *260*	:	Faktor: **4**	=	Punkte A: *65*	▶	Note Teil A: *4*		
Ergebnis Teil B	Spalte 12 oder17: *510*	:	Faktor: **10**	=	Punkte B: *51*	▶	Note Teil B: *4*		
Gesamtergebnis***)	Punkte A: *65*	+	Punkte B: *51*	=	Summe A+B: *116*	: 2	Punkte: *58*	▶	Gesamtnote: *4*

Notenschlüssel

1 = sehr gut = 100 - 92 Punkte	3 = befriedigend = 80 - 67 Punkte	5 = mangelhaft = 49 - 30 Punkte
2 = gut = 91 - 81 Punkte	4 = ausreichend = 66 - 50 Punkte	6 = ungenügend = 29 - 0 Punkte

*****) Ist ein Prüfungsteil (A oder B) nicht bestanden, so gilt die gesamte Prüfung als nicht bestanden.**

Unterschrift der Arbeitgeber-vertreterin/des Arbeitgebervertreters

Unterschrift der Arbeitnehmer-vertreterin/des Arbeitnehmervertreters

Unterschrift der Lehrkraft

*)

Gesamtpunktzahl : Zahl der Prüferinnen/Prüfer = Punkte im Durchschnitt

189	:	*3*	=	*63*
183	:	*3*	=	*61*
195	:	*3*	=	*65*
213	:	*3*	=	*71*

Information: Beispiele für Prüfungsergebnisse in Teil B der Gesellenprüfung

1. Beispiel: Prüfung im Teil B bestanden

• Warenwirtschaft und Produktionstechnik	: 86 Punkte x 5	=	430 Punkte
• Betriebswirtschaftliches Handeln	: 72 Punkte x 3	=	216 Punkte
• Wirtschafts- und Sozialkunde	: 48 Punkte x 2	=	96 Punkte
Gesamtpunktzahl		=	742 Punkte

742 Punkte : 10 (Gewichtungsfaktoren) = 74,2 Punkte

Der Teil B der Gesellenprüfung ist damit „befriedigend" absolviert.

In keinem Prüfungsbereich wurden die Prüfungsleistungen mit „ungenügend" bewertet.
Die „mangelhaften" Leistungen im Prüfungsbereich „Wirtschafts- und Sozialkunde" werden durch bessere Leistungen in den beiden anderen Prüfungsbereichen ausgeglichen.

An diesem Beispiel wird auch die Wirkung der Gewichtungsfaktoren deutlich, deren Anwendung durch die Ausbildungsverordnung vorgeschrieben ist. Durch die hohe Gewichtung des Prüfungsbereichs „Warenwirtschaft und Produktionstechnik" wird das Gesamtergebnis „befriedigend" erreicht.

2. Beispiel: Prüfung im Teil B nicht bestanden

• Warenwirtschaft und Produktionstechnik	: 64 Punkte x 5	=	320 Punkte
• Betriebswirtschaftliches Handeln	: 40 Punkte x 3	=	120 Punkte
• Wirtschafts- und Sozialkunde	: 28 Punkte x 2	=	56 Punkte
Gesamtpunktzahl		=	wird nicht ermittelt

Die schriftliche Prüfung ist **nicht bestanden**, weil ein Prüfungsbereich mit „mangelhaft" und ein weiterer Prüfungsbereich mit „ungenügend" bewertet worden ist.

Für das Bestehen der Prüfung kann eine *mündliche Ergänzungsprüfung* den Ausschlag geben.

Eine mündliche Ergänzungsprüfung *muss unbedingt im Prüfungsbereich „Wirtschafts- und Sozialkunde"* erfolgen, weil hier die Leistungen mit „ungenügend" bewertet worden sind.
(→ Mögliche Entwicklung im folgenden 3. Beispiel)

3. Beispiel: Prüfung im Teil B mit mündlicher Ergänzungsprüfung bestanden

• Warenwirtschaft und Produktionstechnik	: 64 Punkte x 5	=	320 Punkte	*(Punkte können ohne mündliche Prüfung bestehen bleiben)*
• Betriebswirtschaftliches Handeln	: 40 Punkte x 2	=	80 Punkte	*(aus schriftlicher Prüfung)*
• Betriebswirtschaftliches Handeln	: 73 Punkte x 1	=	73 Punkte	*(aus mündlicher Prüfung)*
Gesamtpunktzahl		=	153 Punkte	geteilt durch 3 = **51 Punkte**
• Wirtschafts- und Sozialkunde	: 28 Punkte x 2	=	56 Punkte	*(aus schriftlicher Prüfung)*
• Wirtschafts- und Sozialkunde	: 46 Punkte x 1	=	46 Punkte	*(aus mündlicher Prüfung)*
Gesamtpunktzahl		=	102 Punkte	geteilt durch 3 = **34 Punkte**

Berechnung des Gesamtergebnisses

• Warenwirtschaft und Produktionstechnik	: 64 Punkte x 5	=	320 Punkte	
• Betriebswirtschaftliches Handeln	: 51 Punkte x 3	=	153 Punkte	*(aus schriftlicher + mündlicher Prüfung)*
• Wirtschafts- und Sozialkunde	: 34 Punkte x 2	=	68 Punkte	*(aus schriftlicher + mündlicher Prüfung)*
Gesamtpunktzahl		=	541 Punkte	

541 Punkte : 10 (Gewichtungsfaktoren) = 54,1 Punkte

Die mangelhaften Leistungen (= 40 Punkte) im Prüfungsbereich „Betriebswirtschaftliches Handeln" wurden durch bessere Leistungen in der mündlichen Ergänzungsprüfung zu „ausreichend" ausgeglichen.

Die „ungenügenden" Leistungen (= 28 Punkte) im Prüfungsbereich „Wirtschafts- und Sozialkunde" wurden durch bessere Leistungen in der mündlichen Ergänzungsprüfung zu „mangelhaft" ausgeglichen.

In keinem der beiden anderen Prüfungsbereiche liegen nunmehr noch „mangelhafte" Leistungen vor.
Der Teil B der Gesellenprüfung ist mit der Gesamtnote „ausreichend" erfolgreich absolviert.

Information: Tipps für die Situation nach einer nicht bestandenen Gesellenprüfung

1. Arbeits- und ausbildungsrechtliche Situation nach einer nicht bestandenen Gesellenprüfung

- Sie erhalten vom Prüfungsausschuss einen schriftlichen Bescheid, mit dem Ihnen mitgeteilt wird, dass Sie die Gesellenprüfung nicht bestanden haben.
  Diesen Bescheid müssen Sie Ihrem Ausbildenden unverzüglich vorlegen; denn Ihr Ausbildungsvertrag mit dem Ausbildenden dauert weiterhin an, und zwar bis zu dem Tag, der im Ausbildungsvertrag als Endtermin vereinbart worden ist.
- Sie erhalten vom Ausbildenden bis zum Ende Ihres Ausbildungsverhältnisses die vereinbarte Ausbildungsvergütung.
- Sie sollten innerhalb von 3 Wochen nach Bekanntgabe des Nichtbestehens der Gesellenprüfung, aber spätestens bis zum Ende Ihrer Ausbildungszeit, entscheiden, ob Sie das Ausbildungsverhältnis mit Ihrem bisherigen Ausbildungsbetrieb bis zur Wiederholungsprüfung verlängern wollen. Das müssen Sie beim bisherigen Ausbildenden *beantragen*.

  Sie können nach Ende Ihrer Ausbildungszeit im bisherigen Betrieb auch die Ausbildungsstelle wechseln und bei einem neuen Ausbildenden die Berufsausbildung fortsetzen.
- Sie können die Wiederholungsprüfung auch ablegen, wenn Sie den Ausbildungsvertrag nicht verlängern oder mit einem anderen Ausbildenden fortsetzen.
  Das müssen Sie Ihrem bisherigen Ausbildenden *unverzüglich mitteilen*.

→ Beachten Sie folgende Konsequenzen:
  - Wenn Sie den Berufsausbildungsvertrag *nicht verlängern*, erhalten Sie nicht mehr die Ausbildungsvergütung in der zuletzt gezahlten Höhe. Sie müssen auch die Gebühren für die Wiederholungsprüfung selbst bezahlen.
  - Durch die Verlängerung des Berufsausbildungsvertrags können Sie weiterhin die erforderlichen Kenntnisse und Fertigkeiten erwerben, die Sie zum Bestehen der Gesellenprüfung benötigen.
    Sie können sich auch gezielt im Betrieb und in der Berufsschule auf die Wiederholungsprüfung vorbereiten.
  - Durch die Verlängerung des Berufsausbildungsvertrags kommt es in den meisten Bundesländern auch zur Verlängerung der Berufsschulpflicht. *(Erfragen Sie das bitte in Ihrer Berufsschule.)*

2. Prüfungsrechtliche Situation nach einer nicht bestandenen Gesellenprüfung

- Sie erhalten vom Prüfungsausschuss mit dem schriftlichen Bescheid über das Nichtbestehen der Gesellenprüfung auch die Auskunft darüber, welche Prüfungsteile bzw. Prüfungsbereiche mit mindestens „ausreichend" bewertet worden sind und daher in einer Wiederholungsprüfung so angerechnet werden können.
- Sie haben für Ihren effektiven Anspruch auf Rechtsschutz und für Ihre Entscheidungsfindung hinsichtlich einer Wiederholungsprüfung innerhalb einer Rechtsmittelfrist von einem Monat das Recht, in Ihre Prüfungsunterlagen einzusehen. Sie können dazu auch auf eigene Kosten solche Personen hinzuziehen, die Sie dabei beraten können (z. B. Ihren Ausbildenden oder eine Lehrkraft der Berufsschule).

  Für die Vorbereitung eines Streitverfahrens vor dem Verwaltungsgericht kann ein von Ihnen beauftragter Rechtsanwalt die Akten einsehen und Sie beraten.

  Wo und mit welchen Personen die Akteneinsicht gewährt wird, entscheidet die aktenführende Stelle (z. B. die Innung oder die Handwerkskammer).

  Mitglieder des Prüfungsausschusses sind *nicht zur Auskunft* über Bewertungen verpflichtet. Aber eine im Beisein der Prüfer mündlich-persönlich durchgeführte Akteneinsicht kann für Sie wertvoll sein, weil die Prüfer den Prüfungsablauf kennen und gezielt und verständnisvoll aufkommende Fragen beantworten können. So ist es auch möglich, dass etwaige Unklarheiten beseitigt werden und es gar nicht zu einem Klageverfahren kommen muss.
- Sie müssen in der Wiederholungsprüfung im Grunde genommen die gesamte Prüfung wiederholen. Sie können aber mit Ihrer Anmeldung zur Wiederholungsprüfung beantragen, von solchen Prüfungsleistungen befreit zu werden, in denen Sie mindestens ausreichende Leistungen erbracht haben. *(Benutzen Sie zur Anmeldung das Formblatt der Handwerkskammer.)*

  Im Teil A (praktische Prüfung) der Gesellenprüfung sind laut Ausbildungsordnung die einzelnen Arbeitsaufgaben *keine selbstständigen Prüfungsleistungen*. Das ist so, weil Sie im Rahmen der Arbeitsorganisation beweisen sollen, dass Sie alle 4 Arbeitsaufgaben selbstständig organisieren und praktisch umsetzen können. Deshalb müssen Sie bei nicht ausreichenden Leistungen im Teil A der Gesellenprüfung den gesamten Teil wiederholen.
- Bei einer nicht bestandenen Gesellenprüfung gelten Sie weiterhin als zur Prüfung zugelassen. Sie brauchen daher keinen neuen Antrag auf Zulassung zur Gesellenprüfung zu stellen. Sie müssen nur die Anmeldung zur Wiederholungsprüfung einreichen und dabei erklären, ob und wie Sie von Ihrem Recht auf Anrechnung von Prüfungsleistungen Gebrauch machen.
- Bereiten Sie sich intensiv und gezielt auf die Prüfungsbereiche vor, in denen Sie keine ausreichenden Leistungen erreicht haben oder mit deren Hilfe Sie am besten mangelhafte oder ungenügende Leistungen in einem Prüfungsbereich ausgleichen können. Nutzen Sie dazu die entsprechenden Kapitel in diesem Prüfungsbuch.

Und nun wünschen wir Ihnen viel Erfolg bei der Wiederholungsprüfung!

Sachwortverzeichnis

Bildquellenverzeichnis

Akademie Deutsches Bäckerhandwerk, Zentrale Aufgabenkommission: alle Bewertungsbogen und Niederschriftsbogen
Irina Kart, Berlin: alle Grafiken und Karikaturen
Bergmoser + Höller Verlag AG: Zahlenbilder auf den Seiten 127 und 129
Claus Schünemann, Niederweimar: Kapitel-Eingangsbilder und alle Fotografien

Der Zentralverband des Deutschen Bäckerhandwerks

Die Verbände des Bäckerhandwerks setzen sich ein!

Die Verbände des Bäckerhandwerks bilden eine **leistungsstarke Organisation** für alle Betriebe, die Mitglieder einer Bäckerinnung sind. Sie bieten den Innungsbäckern ein umfangreiches **Servicepaket**:

Zentralverband des
Deutschen Bäckerhandwerks e.V.

Zentralverband des Deutschen Bäckerhandwerks

Der Zentralverband des Deutschen Bäckerhandwerks e.V. vertritt als Arbeitgeber-, Wirtschafts- und Berufsverband die Interessen der Deutschen Innungsbäcker gegenüber allen staatlichen und nichtstaatlichen Stellen sowie gegenüber der Öffentlichkeit. Als Dachorganisation vertritt er die **Interessen von über 11.000 Betrieben des Bäckerhandwerks mit rund 274.000 Beschäftigten**, darunter kleine Familienbetriebe ebenso wie große Handwerksbäcker mit vielen Filialen.

Gegenüber Politik, Öffentlichkeit und Gesellschaft setzt sich der Zentralverband gemeinsam mit den Landesinnungsverbänden und Bäckerinnungen für das Bäckerhandwerk ein und vertritt die **Interessen der Mitgliedsbetriebe**. Dazu führt der Verband unter anderem Gespräche mit Vertretern des Deutschen Bundestages und der Bundesministerien, tauscht sich mit Spitzenverbänden der Wirtschaft aus und steht in Korrespondenz mit dem EU-Parlament und der EU-Kommission. Hierdurch **unterstützt** und **berät** der Zentralverband beispielsweise bei Gesetzesentwürfen und versorgt die Verantwortlichen mit Informationen. Ziel ist stets, Verbesserungen für die Mitgliedsbetriebe zu erreichen und somit die **Zukunft der Deutschen Handwerksbäckereien zu sichern**. Darüber hinaus unterstützt der Zentralverband die Arbeit der Landesinnungsverbände, Innungen, Mitgliedsbetriebe und Akademien des Bäckerhandwerks rund um **fachliche, betriebswirtschaftliche und juristische Themen**, **Werbemaßnahmen und Marketing** und schließt Tarifverträge mit der Gewerkschaft NGG ab. Ein zentraler Punkt der Verbandsarbeit ist die Förderung des Nachwuchses. Mit Initiativen wie **„Bäckman"** (www.baeckman.de) oder **„Back dir deine Zukunft"** (www.back-dir-deine-zukunft.de) werden gezielt Kinder und Jugendliche über den Beruf des Bäckers informiert und beim Ausbildungsstart unterstützt. Letztlich klärt der Zentralverband auch den Verbraucher auf und informiert auf www.innungsbaecker.de über Themen rund um Brot, Backwaren und das Bäckerhandwerk.

Landesinnungsverbände

16 Landesinnungsverbände vertreten die deutschen Handwerksbäcker auf Landesebene. Sie arbeiten mit Landesparlamenten, Landesministerien, Landesämtern, Wirtschaftsverbänden und den Handwerkskammern zusammen und sind darüber hinaus Träger der Akademien des Deutschen Bäckerhandwerks. Eine weitere zentrale Aufgabe der Landesinnungsverbände ist die direkte Betreuung der Innungen und der Betriebe: Hier finden die Bäcker schnelle Hilfestellung in allen betriebswirtschaftlichen, technischen und rechtlichen Fragen.

Innungen

Zurzeit gibt es in Deutschland **245 Bäckerinnungen**, denen die selbständigen Bäcker auf freiwilliger Basis beitreten können. Die Innungen vertreten die Interessen ihrer Mitglieder gegenüber örtlichen Ämtern, Behörden und Organisationen. Außerdem sind die Bäckerinnungen für die Betreuung und Organisation der Lehrlingsausbildung und die Abnahme der Gesellenprüfungen verantwortlich.

Weitere Informationen gibt es unter www.baeckerhandwerk.de.

Folgen Sie uns auch auf den sozialen Kanälen: www.facebook.com/innungsbaecker, www.facebook.com/backdirdeinezukunft, www.instagram.com/backdirdeinezukunft.

Die Akademie Deutsches Bäckerhandwerk

Für eine starke Aus- und Weiterbildung – der ADB-Verbund

Die Deutschen Innungsbäcker sind in Sachen Aus- und Fortbildung bestens aufgestellt. Darum kümmert sich der ADB-Verbund, der Zusammenschluss der Akademie Deutsches Bäckerhandwerk. Dieser umfasst die Bundesakademie in Weinheim, die Landesakademien des Bäckerhandwerks in Hamburg, Hannover, Berlin, Dresden, Olpe, Kassel, Weiterstadt, Karlsruhe, Stuttgart und Lochham sowie weitere Bildungsaktivitäten der Landesinnungsverbände.

Der ADB-Verbund ist **Ansprechpartner für alle Handwerksbäckereien rund um das Thema „Aus- und Weiterbildung"**. Zu den Aktivitäten des ADB-Verbundes zählen ein umfangreiches **Seminarangebot**, **Fachseminare**, **Spezialisierungen und berufsbegleitendes Lernen** zu allen Themen, die für Handwerksbäckereien Bedeutung haben – wie besondere **Rohstoffe**, **Backtechniken**, **Lebensmittelhygiene**, **Betriebstechnik**, **Verkaufstraining**, **Betriebswirtschaft**, **Recht**, **Marketing und Öffentlichkeitarbeit**. Darüber hinaus bieten die Akademien **Meistervorbereitungs- und Verkaufsleiterkurse** an. Weitere Veranstaltungen sind Erfahrungsaustauschkreise, kurz ERFA-Kreise. Diese richten sich sowohl an Klein- als auch an Großbetriebe, Produktions- und Verkaufsleiter.

AKADEMIE
Deutsches
Bäckerhandwerk

Die Akademien sind unter anderem ausgestattet mit modern eingerichteten Lehrbackstuben, Seminar- und Unterrichtsräumen sowie Verkaufsstudios und bieten damit das ideale Umfeld für praxisnahe Schulungen. Daneben engagieren sich die Landesakademien auch für **Jugendliche**, bieten **Workshops** an und sind auf **Karrieremessen** vertreten. Auszubildende im Bäckerhandwerk können über die Landesakademien ebenso an den sogenannten **Überbetrieblichen Lehrlingsunterweisungen** bzw. der **Überbetrieblichen Berufsausbildung** teilnehmen, um ihr Wissen und Können zu vervollkommnen.

Weitere Informationen über Angebot und Service, Kontaktdaten sowie buchbare Seminare der Akademien des Deutschen Bäckerhandwerks finden Sie unter www.akademie-baeckerhandwerk.de.